CARLOS ALBERTO SIMÃO

QUEBRA ZERO, MOTIVAÇÃO dez

A IMPORTÂNCIA DA CULTURA NA CONEXÃO HOMEM-MÁQUINA

1ª edição - 2023

São Paulo

Copyright ©2023 by Poligrafia Editora
Todos os direitos reservados.
Este livro não pode ser reproduzido sem autorização.

QUEBRA ZERO - MOTIVAÇÃO DEZ
A IMPORTÂNCIA DA CULTURA NA CONEXÃO HOMEM-MÁQUINA

ISBN 978-85-67962-22-1

Autor: **Carlos Alberto Simão**
Coordenação editorial: **Marlucy Lukianocenko**
Edição: **Lidia Paula Sahagoff**
Organização: **Thiciana Simão**
Projeto gráfico, Ilustrações: **Juliana Rodrigues**
Revisão: **Fátima Caroline P. de A. Ribeiro**

```
Dados Internacionais de Catalogação na Publicação (CIP)
         (Câmara Brasileira do Livro, SP, Brasil)

Simão, Carlos Alberto
   Quebra zero, motivação dez : a importância da
cultura na conexão homem-máquina / Carlos Alberto
Simão. -- 1. ed. -- São Paulo : Poligrafia Editora,
2023.

   ISBN 978-85-67962-22-1

   1. Engenharia de processos 2. Indústria
3. Máquinas - Manutenção e reparos 4. Motivação
5. Recursos humanos - Administração I. Título.

23-141834                                  CDD-658.5
          Índices para catálogo sistemático:

   1. Engenharia de produção     658.5

   Aline Graziele Benitez - Bibliotecária - CRB-1/3129
```

Poligrafia Editora
www.poligrafiaeditora.com.br
poligrafia@poligrafiaeditora.com.br
Rua Maceió, 43 – Cotia – São Paulo
Fone: 11 4243-1431 / 11 99159-2673

A editora não se responsabiliza pelo conteúdo da obra,
formulado exclusivamente pelo autor

Reconhecimento e gratidão

Agradeço, primeiro, a Deus, por ter me permitido chegar até aqui.

À minha família: Lili, Thiciana, Thiago e Thomas, pelo apoio e incentivo;

A todos os meus colegas de trabalho que, nesta longa jornada, me ajudaram a compartilhar experiências e conhecimentos e a valorizar o trabalho em equipe;

À Ambev, por ter me proporcionado oportunidades de crescimento profissional durante os quase 40 anos de dedicação.

Com profissionalismo e verdadeiro espírito de dono, pude retribuir, contribuindo com o crescimento e sucesso da companhia.

Uma vida ao lado de máquinas, compreendendo cada detalhe, som e movimento.
Uma vida convivendo com pessoas, conhecendo capacidades, dificuldades e necessidades.
Uma vida dedicada a processos, planejamentos, correções, soluções e à busca pela melhoria constante, sem perder a alegria.

De vivências em chão de fábrica, quebras, consertos e percepções, sempre mirando resultados sustentáveis, veio a certeza: criamos máquinas para não falhar, mas, às vezes, cometemos erros, confiando mais nelas do que em nós mesmos.

E este livro chega, justamente, pela experiência de uma vida de aprendizados, para assegurar que a verdadeira solução para a quebra zero sempre será o homem motivado pela busca de resultados.

Hoje, do saber que a perfeição é um apanhado de falhas que não chegaram a acontecer, vem a motivação para dizer:
sim, é possível!

> A máquina depende do homem. O acerto dela é o seu acerto

"POR QUE

QUEBRA ZERO, MOTIVAÇÃO DEZ?"

A mensagem deste livro é direcionada para todos aqueles comprometidos com os resultados de processos industriais, não importando o tipo de atividade.

Como é sabido, processos produtivos são, basicamente, constituídos por equipamentos e por pessoas. Procuro mostrar que as máquinas falham porque os homens falham, seja de forma direta ou indireta.

Infelizmente, por falta de visão, durante muitos anos da minha vida profissional trabalhei em cima dos defeitos, ou seja, atuando apenas da forma que chamamos de *quebra* e *conserta*, não buscando as causas fundamentais dos problemas.

A partir do instante em que compreende e **acredita** que a Quebra Zero existe, você sofre uma mudança de cultura e, automaticamente, passa a adotar posturas diferentes frente às quebras.

Uma máquina parada por quebra ou falha causa indignação.

Passamos a entender que não podemos somente focar nos equipamentos, mas principalmente nas pessoas que fazem parte do processo como um todo.

Dediquei um capítulo à motivação de pessoas ligadas aos processos produtivos, falando de uma maneira muito prática por meio de fatos vivenciados no chão de fábrica.

Se conseguir convencer os leitores de que a Quebra Zero é possível e plenamente atingível, e que a motivação das pessoas é parte integrante deste processo de busca, posso me sentir recompensado por ter investido neste trabalho.

Grande abraço,

Carlos Alberto Simão

SUMÁRIO

12 **BUSCA DA QUEBRA ZERO E OS CINCO MANDAMENTOS**

    14 Introdução

27 **PRIMEIRO MANDAMENTO:** operar e manter os equipamentos dentro das especificações do fabricante

35 **SEGUNDO MANDAMENTO:** manter em dia a lubrificação, a limpeza e o reaperto dos equipamentos

    37 Importância da manutenção autônoma

    72 Matriz de responsabilidade para implantação e desenvolvimento da M.A.

77 **TERCEIRO MANDAMENTO:** efetuar as regenerações dos equipamentos

    79 Planejamento da manutenção

    84 Análise de Falha – AF

89 **QUARTO MANDAMENTO:** eliminar os defeitos de projeto

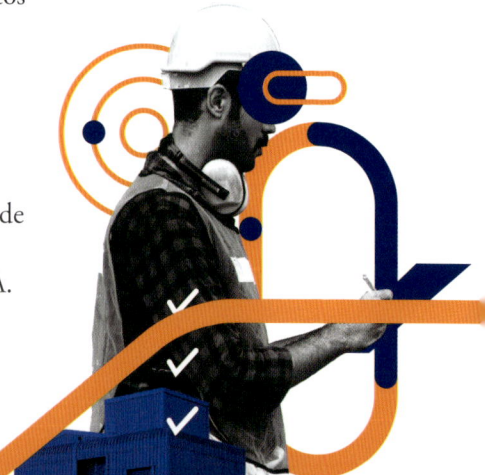

99 **QUINTO MANDAMENTO:** manter treinados Operadores e Mantenedores

101 Capacitação

109 Turnover

115 **MOTIVAÇÃO**

116 m = Motivação

124 Cabo de Guerra

126 O Dono da Granja

128 Melhorias de Máquinas – Cantinho da Melhoria

139 **AVALIAÇÃO CONCEITUAL DE PROCESSO FABRIL**

143 Avaliação conceitual de processos ACP

176 Simulação ACP

184 **ELECTRA – "UM GRANDE EXEMPLO"**

204 Referências

PREFÁCIO

*Nicola Pizza**

Hoje em dia, temos à disposição inúmeras ofertas de Mentores, *Coachs*, Consultores. Porém, muitas dessas pessoas nunca tiveram a oportunidade de atuar nas áreas relacionadas aos temas sobre os quais elas falam.

Já, o livro "*Quebra Zero, Motivação Dez*" é escrito por um dos melhores profissionais com quem tive o prazer de trabalhar. Tivemos a oportunidade de vivenciar e transformar diferentes cenários, culturas e realidades de performance em diferentes países e línguas.

E é com tamanha experiência, que Carlos Simão consegue colocar em poucas páginas uma gama de conhecimento e ensinamentos que seguramente ajudará ao leitor a trabalhar melhor com Gente, Máquinas e Processos.

Leitura fácil, agradável e direcionadora da excelência operacional.

*Nicola Pizza é Engenheiro Bioquímico, Mestre-Cervejeiro, Global VP Supply Chain Operational Excellence da AB-Inbev Middle América, e foi responsável por 60 Operações, em 12 países da América Latina.

BUSCA PELA
QUEBRA ZERO E OS
5 MANDA-MENTOS

*"Conhecimento = resultado.
Conhecimento + método + rotina
= resultados sustentáveis."*

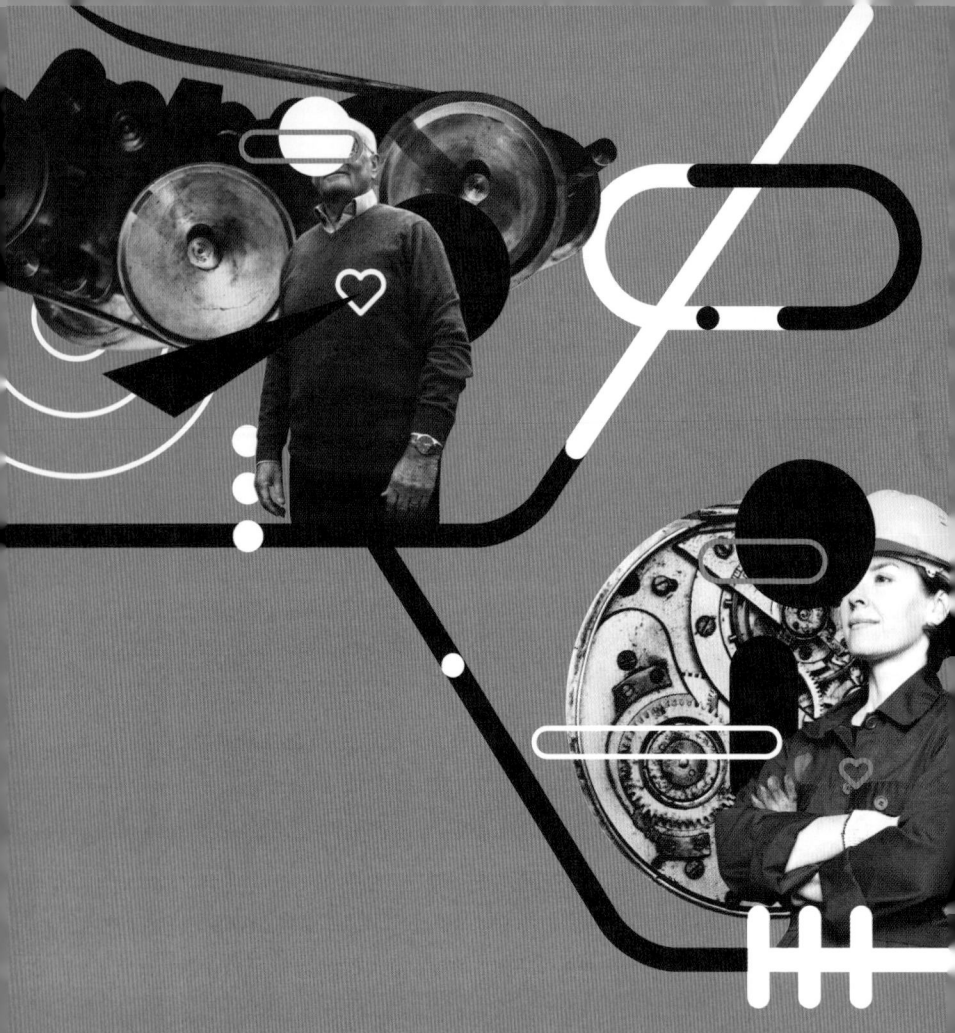

INTRODUÇÃO

Quando tratamos do tema da Quebra Zero (QZ), muitas pessoas questionam o que é e por que a direção de uma empresa deveria investir nesta cultura.

As respostas para essas duas perguntas estão logo à frente, mas os detalhes e uma maior compreensão da QZ serão percebidos durante a leitura deste livro.

Na realidade, este é um trabalho de convencimento dos leitores de que vale a pena investir na cultura da Quebra Zero. Chamamos de cultura, porque não se trata de um projeto, mas de uma nova maneira de pensar e de agir diante da relação homem-máquina.

Diferentemente de projeto, que é um trabalho claramente definido, com início, meio e fim, a implantação da Quebra Zero é permanente, decidida pela alta direção da empresa, portanto **Top Down**, com o engajamento de diferentes áreas da companhia: Engenharia de Manutenção, Processo, Recursos Humanos / Gente, Logística, Suprimentos, Qualidade.

Mas, antes de tudo, para entendimento, vamos responder às perguntas acima de maneira bem simples e didática.

O que é Quebra Zero?

Podemos considerar Quebra Zero quando um equipamento produz de acordo com as especificações de capacidade e qualidade para as quais foi projetado, sem apresentar nenhuma quebra ou falha, dentro do período que foi programado para produzir.

Exemplificando, vamos considerar uma máquina capaz de produzir 10.000 parafusos por hora.

A empresa faz a programação de produção, considerando o plano de manutenção desse equipamento, de modo que o mesmo opere durante 12 horas por dia, seis dias por semana, quatro semanas por mês.

De seis em seis meses, essa máquina está programada para a realização da manutenção do equipamento, compreendendo a substituição das peças com desgastes naturais e restabelecendo as condições de projeto.

Se essa máquina cumprir o volume de produção conforme sua capacidade nominal, e dentro do padrão de qualidade, sem ter interrupção por quebra ou falha, podemos considerar que esse equipamento atingiu a Quebra Zero.

Uma vez esclarecida a definição de Quebra Zero, vamos responder também, de forma resumida, o segundo questionamento: por que a direção das empresas deve investir na cultura da Quebra Zero?

Como o objetivo básico das empresas é obter lucro para poder crescer e, consequentemente aumentar o patrimônio, gerando mais empregos, é imprescindível que a "engrenagem do processo produtivo" mantenha-se girando, e gerando produtos na quantidade certa com a qualidade esperada.

Sem isso, não há produção, não há qualidade, não há clientes nem faturamento, crescimento e emprego.

A implantação da QZ vai ao encontro do que foi dito, pois busca a conservação e a manutenção dos equipamentos, de modo a **garantir** a produtividade do processo.

E o mais importante, a QZ gera o sentimento de **dono** nos colaboradores, um aliado imprescindível na busca da **produtividade** e que deveria fazer parte da cultura de todas as empresas.

Agora, iniciando a busca pelo convencimento dos leitores com relação à importância da QZ, passamos a falar sobre como ela pode refletir nos processos produtivos e nos investimentos das empresas.

Sabemos que, independentemente da atividade da empresa, o chão de fábrica exige inúmeras melhorias, que demandam volumosos investimentos, e que a direção da empresa, obviamente, faz sua priorização ano a ano, uma vez que a "grana" é finita para todos.

Então, por vezes, escutamos a seguinte frase: *"passou do tempo de substituirmos essa máquina; ela já tem mais de 20 anos"*.

Mas não é raro vermos, nas indústrias, equipamentos que operam há mais de 30 anos com boa produtividade.

Teoricamente, uma máquina não deveria ser desativada simplesmente pelo tempo de trabalho, mas sim pelas condições operacionais que ela oferece.

Geralmente, a substituição de equipamentos ocorre nas seguintes situações:

1. Não atendimento a alterações no processo, como aumento de produção ou padrões técnicos de qualidade mais rígidos;

2. Não atendimento a novos quesitos ambientais e de segurança;

3. Obsolescência: não atendimento a novos parâmetros de consumo de energia, insumos, custo de manutenção e final de vida útil;

4. Precariedade por mau uso das condições operacionais do equipamento.

Com relação às situações descritas nos itens 1, 2 e 3, a substituição é mandatória, pois trata-se da sobrevivência da empresa. Sem o novo equipamento, a produção estará comprometida e, consequentemente, o futuro da empresa também. O *payback* do investimento garantirá a sua aplicação ou não.

Já na situação do item 4, não se trata de aumento de produtividade ou implementação de nova tecnologia.

Aqui, independentemente da idade da máquina, o investimento está sendo obrigatório apenas para repor um equipamento em função do estado de conservação ruim, por manutenção deficiente ou má operação, ou a somatória de ambos.

Quando trabalhamos com a cultura da QZ, substituições por mau uso e má conservação das máquinas não ocorrem, e o investimento que seria necessário na aquisição de um novo equipamento pode ser revertido em melhorias no processo e benefícios para os colaboradores e para a empresa.

Por estas duas principais razões: produtividade como garantia da qualidade e da produção e conservação do parque fabril, afirmamos que a busca pela Quebra Zero deve ser a prioridade número um de todos os envolvidos com a operação e a manutenção do processo produtivo de uma unidade fabril.

O convencimento de que é possível conseguirmos atingir a Quebra Zero nos equipamentos deve ser o primeiro passo em direção à implantação dessa cultura.

A busca da QZ deve ser uma luta permanente, com pessoas preparadas e com sistema consistente, bem planejado e programado, como se fossem se defender de um inimigo que pode atacar a qualquer momento

A Quebra Zero existe e não é difícil de enxergarmos. Vamos citar um exemplo: no início dos anos 1960, logo após o surgimento da televisão no Brasil, a garantia desse produto não era de mais que três meses.

Com o passar dos anos, o período de garantia foi se multiplicando e, hoje, alguns fabricantes oferecem garantia de seus produtos por mais de um ano.

Houve uma época em que fabricantes davam garantia de até quatro anos em suas TVs: eram as famosas garantias "até a próxima Copa do Mundo".

Se um fabricante dá uma garantia de quatro anos, é porque essa empresa tem certeza de que seu produto, sendo bem utilizado, terá uma vida útil por um período superior ao que está oferecendo.

Quantas pessoas já compraram TVs e nunca chegaram a levá-las para o conserto? Com o passar do tempo, aquele modelo de TV foi superado, o aparelho foi doado ou trocado por um modelo melhor, com tecnologia mais nova, mais econômico e com mais recursos.

Nesse caso, esse produto teve Quebra Zero e, ainda melhor, custo zero de manutenção.

Isso ocorre também com a maioria dos nossos eletrodomésticos de boa qualidade, como ferros de passar, geladeiras, batedeiras etc. Muitas vezes, trocamos esses equipamentos por outros mais novos não por problemas de deficiência técnica ou por quebras, mas por existirem novos no mercado, com menor consumo de energia, mais modernos e mais compactos.

Outro exemplo são os carros. Atualmente, já existem fabricantes dando garantia de cinco anos em seus veículos, desde que o plano de manutenção seja cumprido à risca. Antigamente, a garantia dos automóveis se restringia a apenas um ano.

Vamos, então, citar um exemplo do cenário industrial. Tratam-se de disjuntores elétricos:

um disjuntor de média tensão, assim como outros equipamentos elétricos ou mecânicos, necessita do cumprimento de um plano de manutenção indicado pelo fabricante.

Isso ocorre com a maioria das máquinas produtivas. No caso específico do disjuntor, pelo esforço severo durante as manobras para ligar e desligar, as peças móveis e os contatos elétricos vão se desgastando e, caso não sejam recuperados via plano de manutenção, o disjuntor estará sujeito a falhas a qualquer momento, o que acarretará falta de energia elétrica, parando todo um processo.

A fim de buscarmos a Quebra Zero, teremos obrigatoriamente que cumprir as recomendações do fabricante, para que falhas não ocorram no intervalo entre revisões programadas.

Quanto mais nos aperfeiçoarmos na operação e na manutenção dos equipamentos, mais próximos da Quebra Zero estaremos.

Continuando com o exemplo do disjuntor, temos, hoje, disponíveis no mercado, disjuntores cuja tecnologia aplicada no processo de fabricação minimiza os desgastes decorrentes da operação liga/desliga. Consequentemente, isso aumenta a vida útil do equipamento, reduzindo o custo de manutenção e o número de paradas da planta ou de parte do processo.

Com o desenvolvimento da tecnologia, já temos no mercado fabricantes que oferecem até cinco anos de garantia.

Ainda olhando para o cenário industrial, para se conseguir a Quebra Zero, **cinco** são os **Mandamentos** que devem ser cumpridos por qualquer equipe empenhada na busca pela confiabilidade e pela produtividade do seu processo.

Para que tenhamos uma visão geral dos cinco Mandamentos, e de como eles se complementam, primeiramente, faremos um comentário bem resumido e, em seguida, detalharemos cada um deles.

1. OPERAR E MANTER OS EQUIPAMENTOS DENTRO DAS ESPECIFICAÇÕES DO FABRICANTE

Não operar equipamentos acima de sua capacidade nominal. Obedecer sempre aos parâmetros de pressão, temperatura, rotação, etc.

2. MANTER EM DIA A LUBRIFICAÇÃO, A LIMPEZA E O REAPERTO DOS EQUIPAMENTOS

Disciplina e Qualidade nas atividades de Lubrificação, Limpeza e Reaperto.

3. EFETUAR AS REGENERAÇÕES DOS EQUIPAMENTOS

Restabelecer as condições de projeto por meio do cumprimento do plano de manutenção dos equipamentos.

4. ELIMINAR OS DEFEITOS DE PROJETO

Atacar os defeitos de projetos. Nunca aceite equipamentos com pendências técnicas.

5. EDUCAR E MANTER TREINADOS OPERADORES E MANTENEDORES DOS EQUIPAMENTOS

Manter capaz a mão de obra de Operadores e Mantenedores.

Operar e manter os equipamentos dentro das especificações do fabricante.

Citamos, abaixo, algumas premissas para atendimento desse Mandamento que chamo de "Regras Never Land[1]":

- **Nunca** devemos operar equipamentos além da capacidade nominal informada pelo fabricante, ultrapassando a velocidade limite da máquina;
- **Nunca** devemos operar com tensão (V) diferente da especificada;
- **Nunca** operar com pressões e temperaturas de óleo lubrificante, combustível, vapor, ar comprimido etc., fora da especificação de projeto;
- **Nunca** produzir com matéria-prima fora das especificações;
- **Nunca** adaptar dispositivos ou alterar o projeto original de máquinas, sem prévio estudo e aprovação do fabricante.

---

[1] "Regras Never Land" termo criado pelo autor sobre o que nunca fazer.

Manter em dia a Lubrificação, a Limpeza e o Reaperto dos equipamentos, pois essas são as Condições Básicas da Manutenção Autônoma.

Neste mandamento, a participação dos Operadores é de vital importância. Eles devem estar **motivados e treinados** para executar, com **qualidade** e **disciplina**, suas tarefas de inspeção e conservação da máquina. Não podem, de maneira alguma, deixar os equipamentos sem **lubrificação**, pois ela garante a vida útil dos elementos rotativos da máquina.

Idem sem **reaperto**, pois vibrações fazem com que parafusos de fixação importantes se soltem, causando quebras de máquinas de grandes proporções, gerando alto custo de manutenção e paradas prolongadas para recuperações.

Com o item **limpeza**, também não pode ser diferente. Ela garante a eficiência das inspeções, tornando visíveis vazamentos de óleo e trincas, expondo anomalias impossíveis de serem detectadas com os equipamentos sujos.

É na limpeza da máquina que os próprios Operadores, por meio do contato homem-máquina, podem detectar anomalias como: aquecimentos de mancais e motores, vibrações, corrosões, etc.

Existem várias anomalias latentes nos equipamentos que os Operadores, por meio da execução das atividades de manutenção autônoma, prioritariamente **LLR** (Limpeza, Lubrificação e Reaperto), detectam e eliminam de imediato, evitando, assim, paradas de máquinas e de processo.

Efetuar as Regenerações dos equipamentos.

Todos nós sabemos que os equipamentos sofrem desgastes normais no decorrer do tempo.

Sem considerarmos as falhas operacionais ou falhas de projetos, toda máquina vai se deteriorando com o uso, podendo sofrer quebras num intervalo de tempo, caso não ocorram as devidas revisões que podemos chamar de **Regenerações**.

Regenerar é fazer com que o equipamento volte a ter as condições técnicas originais de operação, como confiabilidade, produtividade, segurança e qualidade.

Essas regenerações nada mais são do que o cumprimento do plano de manutenção preventiva do equipamento, com periodicidade pré-definida, segundo as recomendações do fabricante. Está implícita aí a substituição de elementos de máquinas com vida útil próxima ao final.

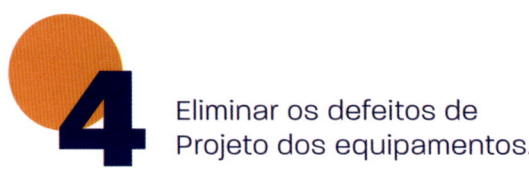 **Eliminar os defeitos de Projeto dos equipamentos.**

Não muito raro, são encontrados problemas técnicos em linhas de produção ou mesmo em equipamentos novos que substituíram equipamentos que não atendiam mais às necessidades do processo, seja por baixa capacidade produtiva ou por alto custo de produção.

Já ouvi, algumas vezes, comentários do tipo: *"a máquina antiga funcionava melhor do que a nova"*, isso em função de problemas frequentes apresentados pelo novo equipamento.

Esses problemas podem ser simples regulagens que são sanadas por ajustes de campo, mas também podem ser falhas de projeto que devem ser corrigidas, para não causar impactos permanentes na eficiência da própria máquina e do processo.

Nesse caso, o fabricante deverá dar toda a assistência e, por meio de análise do processo como um todo – desde a entrada da matéria-prima até a saída do produto acabado –, detectar as anomalias, estudá-las e apresentar soluções definitivas.

O aceite técnico do equipamento só deve ocorrer após comprovação de que todas as especificações contidas no contrato de compra da máquina sejam atendidas no campo.

A meta é não deixar que **anomalias** oriundas do projeto persistam, acarretando ineficiência para o processo produtivo.

 **Educar e manter treinados os Operadores e Mantenedores dos equipamentos.**

Antes de iniciarmos este item 5, vamos recapitular bem rápido os quatro Mandamentos anteriores.

Obedecer à Especificação de Projeto da máquina

Bloqueamos, aqui, uma série de fatores que reduzem a vida útil do equipamento em si, por meio de sobrecargas e operação de maneira indevida, sem observação dos paramentos técnicos recomendados pelo fabricante.

Manter as Condições Básicas dos equipamentos – (LLR)

Bloqueamos os fatores de desgastes prematuros por meio da eliminação de falhas latentes do equipamento. Resumidamente, trata-se de manter as máquinas muito bem conservadas.

Efetuar as Regenerações dos equipamentos

Bloqueamos os fatores de quebras por vencimento da vida útil dos elementos de máquinas, mantendo os equipamentos revisados. Após cada regeneração, as máquinas voltam às condições de projeto.

Eliminar Defeitos de projetos

Bloqueamos os fatores de quebra e falha que nasceram com o projeto da máquina ou do processo como um todo, ou seja, não assumimos passivos técnicos que trarão problemas constantes, como geração de produtos defeituosos, redução de capacidade, consumo excessivo de energia, etc.

Para atendimento desses quatro Mandamentos, precisamos de pessoas bem treinadas e, principalmente, comprometidas.

Iniciando o 5º Mandamento, vemos que ele se refere à importância do treinamento de Operadores e Mantenedores para garantir o suporte necessário ao cumprimento dos quatro primeiros Mandamentos.

Para que isso ocorra com sucesso, todos os Operadores e Mantenedores deverão ser devidamente treinados e capacitados para que cada ação exercida por eles tenha qualidade e disciplina, garantido confiabilidade, produtividade e segurança.

Os treinamentos deverão ser planejados e programados anualmente, prevendo sempre avaliações periódicas e reciclagem.

Costumamos dizer que o Mandamento de Treinamento é o "cadeado" que faltava para que os demais Mandamentos não se percam e os elos dessa "corrente" permaneçam fortes, garantindo nosso objetivo na busca da Quebra Zero.

Pensem sobre as paradas que ocorrem nas máquinas de sua empresa, ou então até mesmo no seu próprio carro, e vejam se elas não se enquadram em um dos itens mencionados.

Será que, se fossem cumpridos todos os cinco Mandamentos, sua máquina ou seu carro teriam quebrado?

Já analisei várias quebras de máquinas e, realmente, todos os fatores que levaram a elas se enquadravam em pelo menos um desses Mandamentos estabelecidos.

Agora, pela importância do tema e como já dissemos, vamos comentar mais detalhadamente, ilustrando com exemplos, cada um dos Cinco Mandamentos da Quebra Zero.

1º MANDAMENTO:
OPERAR E MANTER OS EQUIPAMENTOS DENTRO DAS ESPECIFICAÇÕES DO FABRICANTE

"A vida útil das máquinas depende da sua conservação e manutenção, por meio de seus Operadores e Mantenedores".

Operar e manter os equipamentos

O primeiro passo para atingir alta eficiência de uma máquina é operar bem o equipamento.

Operar um equipamento conforme as suas especificações deve ser **premissa** da **operação** e é tão importante quanto a conservação e a manutenção das máquinas.

Vejamos o caso bem particular sobre como cuidamos e dirigimos nossos carros:

Quantas vezes somos negligentes ao dirigir com:

- pneus descalibrados;
- nível baixo ou excesso de óleo do motor ou nos sistemas hidráulicos e de freios;
- filtro e óleo do motor vencidos;
- rodas desbalanceadas ou desalinhadas;
- temperatura elevada do motor;
- faróis e lanternas desregulados ou queimados;
- falta de água no reservatório do sistema de limpeza do para-brisa ou mesmo limpadores gastos ou ressecados;
- giro do motor acima do permitido;
- excesso de carga, etc.

Além dos itens citados, os cuidados na direção, evitando buracos e excesso de velocidade e respeitando as regras de trânsito são de responsabilidade exclusiva do motorista.

A maneira como lidamos com nosso veículo influenciará diretamente na conservação do carro e, consequentemente, nos gastos com manutenção, poupando tempo e dinheiro.

No dia a dia nas indústrias, são inúmeros os problemas de operações indevidas que provocam paradas desnecessárias de máquinas e processos, causando enormes prejuízos para as empresas.

Quando falamos em operar bem um equipamento, queremos dizer que todos os Operadores devem estar devidamente treinados para conduzir seus equipamentos de maneira que produzam em quantidade e qualidade, conforme foram projetados, durante toda a sua vida útil.

Sendo mais claro, conduzir um equipamento é operar a máquina dentro dos parâmetros técnicos exigidos no manual de operação.

Por exemplo:
- **não** operar o equipamento acima da capacidade de projeto, buscando aumento de produção ou para recuperar eventuais perdas de produção;
- **não** operar o equipamento com pressões e temperaturas acima das estabelecidas em manual. Não manter os equipamentos em funcionamento caso as pressões de óleo, de ar comprimido e de vapor não estejam de acordo com o manual da máquina.

Parâmetros como temperatura e pressão em sistemas de lubrificação ou hidráulicos fora da faixa de trabalho são indicativos de que algo está errado nas condições da máquina e deve ser investigado e corrigido.

Nessas situações, o melhor a fazer é parar o equipamento e solicitar suporte da equipe de Engenharia de Manutenção.

Dar continuidade ao processo é uma falha grave que nunca deve ser assumida pela Operação ou por sua liderança, pois, com certeza, o equipamento irá "cobrar" mais adiante, causando prejuízos enormes refletidos no custo de manutenção e, principalmente, em perda de produção.

Olhando do ponto de vista da manutenção, toda atenção é necessária para manter os equipamentos dentro das especificações de projeto. Desde os lubrificantes utilizados até a tensão da energia elétrica que alimenta os equipamentos, tudo deve atender às indicações de manual das máquinas.

Parece simples e óbvio, mas vamos analisar um pouco o sistema de alimentação elétrico de uma indústria.

Apesar de todo recurso de proteção de sub ou sobretensão, se a rede de abastecimento não fornecer energia firme e com qualidade, as variações frequentes de tensão reduzirão a vida útil das máquinas, impactando na eficiência própria do equipamento e prejudicando a produtividade do processo.

Variações de tensão são terríveis para componentes elétricos e de automação. Placas eletrônicas são muito sensíveis, se sujeitas a variações importantes não só de tensão, mas também de temperatura e umidade, resultam em falhas com redução de produtividade.

Equipamentos eletrônicos geralmente são de custo elevado e devem ser tratados com muito carinho.

Já vivi experiências em que era frequente a utilização de água sob pressão na limpeza de pisos e equipamentos para facilitar e agilizar o trabalho.

Essa prática, muitas vezes, causava transtornos enormes para a manutenção, pois danificava a instrumentação como sensores, transmissores de temperatura e pressão, placas eletrônicas etc.

Em um processo qualquer, quando isso ocorre, não são raros os casos em que não existe sobressalente em estoque, e isso acarreta indisponibilidade de máquinas e paradas de processo.

Dependendo do volume de produção que esteja sendo exigido pelo mercado, o conflito reina entre as áreas de Operação e Manutenção.

Dentro de um cenário de emergência, não faltam sugestões propondo "gambiarras" técnicas como *jumps*, bloqueios de sistema de segurança ou algo parecido, visando recolocar a qualquer custo o equipamento em operação.

Como **anomalia gera anomalia**, essas "gambiarras" técnicas, na maioria dos casos, acabam provocando incidentes com danos de ordem ma-

terial e, pior, oferecendo riscos para as pessoas envolvidas no processo.

É obvio que situações como essas podem e devem ser evitadas, por meio de um trabalho de conscientização e treinamento com toda a equipe de Operação e de Manutenção.

No capítulo 2, falaremos sobre a relação que deve existir entre as áreas de Manutenção e Operação, de modo que tenhamos um ambiente de trabalho saudável e um processo altamente produtivo.

Entre vários casos que presenciei sobre falhas no cumprimento desse Mandamento, vou citar um que me parece ser muito didático:

o fato ocorreu durante a realização de um módulo de manutenção de 24.000 h do compressor de amônia de um sistema frigorífico.

Tratava-se de um equipamento vital para a geração de frio da planta e, após a conclusão da manutenção preventiva, com substituição de peças importantes e de custos significativos, o equipamento estava pronto para ser testado e recolocado em operação.

Como o motor elétrico também fazia parte do módulo de manutenção, ele tinha sido retirado para a preventiva e, ao retornar, foi montado e reacoplado ao compressor.

Por uma falha técnica, a ligação do motor não foi correta, e este girou no sentido inverso.

O compressor operou por alguns minutos e travou por falta de lubrificação ocasionada pela baixa pressão de óleo.

Praticamente todas as peças substituídas e outras que ainda teriam mais horas de operação foram danificadas.

Essa máquina teve que ser reaberta e totalmente recuperada com custo bem superior ao do seu módulo normal.

Incidentes desse tipo, plenamente evitáveis, causam transtornos para toda a equipe, pois trazem impactos diretos na produção, custo de manutenção e estresse entre as equipes de Manutenção e de Operação.

Felizmente, nesse caso citado, os prejuízos limitaram-se a danos materiais.

É importante que a cabeça dos Operadores e Mantenedores seja trabalhada no sentido de evitar reincidências.

Quando as pessoas se indignam com as ocorrências de falhas em seus equipamentos e processos e buscam soluções, isso é uma evidência de que um trabalho de **conscientização** foi implantado e o **comportamento** dos colaboradores está mudando e gerando resultados.

Vejamos o caso de queimas frequentes de placas eletrônicas: não basta fazermos apenas a reposição.

É importante entendermos os motivos das queimas e buscarmos o bloqueio das causas que podem ser de simples e rápida solução.

Muitas vezes, trata-se apenas de temperatura elevada em painéis provocada por falha no sistema de ventilação ou deficiência no sistema de refrigeração. Uma vez que isso é corrigido, a temperatura ambiente volta a atender às especificações de projeto do equipamento.

Casos mais complicados, como, por exemplo, variações de tensão, também devem ser combatidos até que a solução definitiva seja implantada, mesmo que outras áreas da empresa devam ser envolvidas para a solução da anomalia.

A baixa qualidade no sistema de alimentação de energia pode ser um fator altamente prejudicial e, nesse caso, a solução, obrigatoriamente, passa pelo entendimento entre a empresa e a concessionária, que tem recurso técnico para encontrar a solução mais rápida para o bloqueio da anomalia.

O treinamento das equipes de Operação e de Manutenção é ==o caminho mais curto== para que esse pilar da Quebra Zero seja atingido na íntegra.

Os treinamentos específicos, aliados ao trabalho de conscientização, garantirão **qualidade** e **disciplina** na operação e na manutenção de cada um dos equipamentos, zerando falhas por não atendimento às especificações técnicas.

2º MANDAMENTO:

MANTER EM DIA A LUBRIFICAÇÃO, A LIMPEZA E O REAPERTO DOS EQUIPAMENTOS

"As máquinas mudam quando os homens mudam".
(Frase oriunda da TPM - Manutenção Produtiva Total)

Importância da Manutenção Autônoma

De uma forma bem resumida, a Manutenção Autônoma (M.A.) pode ser conceituada ==como o comprometimento do Operador com sua máquina e seu processo.==

A Manutenção Autônoma, em princípio, é composta por atividades de **conservação** das máquinas, com consequente melhoria do processo produtivo.

O comprometimento do Operador com a máquina requer **capacitação**, **disciplina** e **motivação** para assumir e executar tarefas que auxiliarão na prevenção e na conservação das máquinas, além daquelas normalmente executadas pela operação, ou seja, ligar, desligar, ajustar equipamento e monitorar o volume de produção.

Vejamos as três atividades básicas que são premissas da manutenção autônoma e que permitem aos Operadores evitar quebras de suas máquinas, que paralisam a produção e trazem prejuízos para a empresa: **Limpeza, Lubrificação e Reaperto (LLR)**.

Para facilitar o entendimento, quando falamos em Manutenção Autônoma, citamos o exemplo do motorista consciente e preocupado em preservar a sua própria segurança e a de terceiros, bem como conservar o seu patrimônio.

Para isso, ele próprio se encarrega, de forma disciplinada, de executar alguns itens indispensáveis para manter a boa performance de seu veículo, tais como:

- manter o veículo sempre abastecido;
- inspecionar periodicamente o nível de óleo lubrificante do motor e substitui-lo, quando necessário;
- inspecionar periodicamente o nível de água do radiador;

- inspecionar periodicamente o nível de água do limpador de para-brisas;
- avaliar as borrachas dos limpadores de para-brisas;
- verificar e calibrar pneus;
- manter faróis regulados e limpos;
- manter limpeza interna e externa do veículo;
- dirigir o veículo respeitando a capacidade de carga;
- dirigir o veículo respeitando as normas de trânsito etc.

Esse é o típico caso em que o motorista age como verdadeiro **dono**, pois trata-se do seu **próprio patrimônio**.

Vamos supor, agora, que você tivesse 10 carros e quisesse colocá-los como táxis. Isso envolveria a contratação de pelo menos 10 motoristas.

Você teria segurança em afirmar que todos os motoristas cuidariam dos seus veículos como se fossem os próprios donos?

Provavelmente um ou outro, sim. Entretanto, para que todos eles cuidassem dos veículos com eficiência e de maneira padronizada, necessitariam de treinamento e sentimento de dono.

O treinamento dos motoristas estaria voltado à capacitação, para que tivessem condições de cumprir as atividades padronizadas e assim garantirem a conservação dos veículos.

A dedicação, o foco e a motivação do dono da empresa de táxi, junto aos seus motoristas, criará um ambiente saudável, gerando em cada um deles o sentimento de dono imprescindível no comprometimento e, consequentemente, a disciplina na execução das tarefas.

> Atualmente, muitos sabem o que fazer, isso é bom. Mas poucos sabem como fazer, isso é muito ruim.

Como motivação é um fator tão importante para o sucesso de um **time** e para a relação entre líderes e liderados, dedicamos um capítulo para tratar desse tema.

As atividades dos motoristas, já citadas, limitam-se à conservação do equipamento ou pequenas manutenções que não exigem alta especialidade.

Casos como balanceamento de rodas, alinhamento, retífica de motor e substituição de embreagem, são trabalhos que os motoristas não conseguem fazer. São tarefas mais complicadas, que exigem conhecimentos específicos por parte do profissional de manutenção, além da necessidade de oficina especializada, provida de recursos com ferramental apropriado para a execução de reparos que garantirão que o veículo voltará às suas condições originais.

Então, nessa condição de motoristas **treinados e motivados**, vale repetirmos a pergunta:

agora, você teria segurança em afirmar que todos os motoristas cuidariam dos seus veículos como se fossem os próprios donos?

Saindo do exemplo da empresa de táxi e indo para as indústrias, os Operadores deverão desenvolver atividades que garantirão a conservação das suas máquinas, bem como executar técnicas de manutenção simples e de pequena monta.

Estamos falando de **premissas** da **Manutenção Autônoma** para manter as **condições básicas** das máquinas.

Para compreender um pouco melhor a importância do comprometimento do Operador com sua máquina e com seu processo, segue abaixo um resumo das sete etapas da Manutenção Autônoma, segundo o Total Productive Management ou Total Productive Maintenance, ou mais conhecida como TPM - **Manutenção Produtiva Total**.

É importante observar a relação direta entre o processo de capacitação da operação e o atingimento dos objetivos de preservação dos equipamentos e melhorias de máquinas com consequente aumento da produtividade da empresa.

As Sete Etapas da Manutenção Autônoma

1	Estruturação das condições básicas: Limpeza, Lubrificação e Reaperto (LLR)	Evitar quebras por deterioração forçada
2	Ataque a fontes de sujeiras e locais de difícil acesso	Garantir disponibilidade para atividades mais importantes
3	Elaboração de Padrões Provisórios LLR	Garantir execução padronizada de atividades LLR
4	Inspeção Geral	Agregar conhecimento técnico aos Operadores. Garantir inspeções em equipamentos, com foco na Quebra Zero
5	Inspeção Autônoma	Efetuar inspeções nas máquinas e garantir revisão e incrementação dos padrões para aumentar a eficiência do *check*
6	Padronização	Garantir ambiente propício para o desenvolvimento produtivo das atividades. Foco na sistematização e na Manutenção da Qualidade para a busca do Zero Defeito
7	Controle Autônomo	Garantir autogestão

Fonte: *TPM*

De maneira detalhada, vamos discorrer sobre cada uma dessas sete etapas:

1. LIMPEZA INICIAL E ESTRUTURAÇÃO DAS CONDIÇÕES BÁSICAS.

Considero esta etapa a mais importante, pois é aqui que nasce a conscientização, nos Operadores, sobre como lidar com sua máquina e seu processo de maneira autônoma. É aqui que a transformação começa. Tem uma frase muito conhecida junto àqueles que trabalham com a M.A. que reflete muito bem isso:

> **As máquinas mudam quando os homens mudam**

A empresa deve "preparar o terreno" para colher bons frutos. Isso quer dizer que os Operadores deverão receber todo o suporte técnico e motivacional para desenvolver um trabalho diferenciado.

Os Operadores deverão se sentir donos dos seus equipamentos e de seu processo. Isso ocorrerá no momento em que a empresa decidir pela implementação de um programa diferenciado, consistente e permanente, que contemple além de aspectos técnicos, a valorização do homem por meio da formação planejada das pessoas.

Então, os Operadores aprenderão sobre a importância do seu equipamento em relação ao processo e às consequências negativas de uma máquina parada para a empresa.

Eles passarão a relacionar os treinamentos recebidos ao seu crescimento profissional. Essa é uma das formas de **reconhecimento** mais valorizadas pelos colaboradores.

Daí, resultará a motivação dos Operadores a aprender a **limpar, lubrificar e reapertar** sua máquina, não de maneira eventual, mas rotineiramente, segundo planejamento e programação.

Os Operadores aprenderão a importância da limpeza, do tocar na máquina com as próprias mãos, sentir vibrações do equipamento, diferenciar o ruído natural do barulho provocado por uma peça prestes a quebrar.

Entenderão que o não cumprimento da rotina de limpeza poderá ocasionar uma quebra no equipamento por "esconder" eventuais vazamentos de óleo, trincas etc.

As atividades de limpeza são, na realidade, **inspeções** que permitem aos Operadores detectar eventuais anomalias antes que elas provoquem a quebra da máquina.

De maneira similar, tudo o que foi dito acima serve para a lubrificação. A atividade de lubrificar é importantíssima para a conservação dos equipamentos e de maneira alguma pode ser feita por pessoal sem treinamento adequado e sem um plano de lubrificação endossado pelo departamento de engenharia.

O Operador treinado e conscientizado tem perfeitas condições de se dedicar a essa tarefa.

Na realidade, a lubrificação deve ser feita pelos próprios Operadores donos da máquina, pois eles devem ter todo o interesse de manter seu equipamento funcionando e, consequentemente, ajudando sua empresa a produzir, gerando benefícios para todos.

Certa vez, em uma reunião de PCM – Planejamento e Controle de Manutenção – um supervisor de manutenção disse que um rolamento deveria ser substituído. Eu perguntei: **"mas a lubrificação autônoma não funcionou? O rolamento não estava lubrificado?"** Então o supervisor respondeu: "Estava, sim, até demais e, ainda por cima, com graxa inadequada, o que provocou o aquecimento e a falha".

Acho que vale a pena ser repetitivo nesse tema:

> **para que a responsabilidade da tarefa de lubrificar seja atribuída à operação, devemos planejar e treinar todos os Operadores**

Mostrar a eles a função do lubrificante nas máquinas, como agem os aditivos nos equipamentos, o que acarreta a falta e o excesso da graxa e do óleo nos rolamentos, redutores, correntes, etc.

Ensiná-los sobre os tipos de óleos e graxas e as respectivas quantidades que serão utilizadas em suas máquinas, quais os pontos a serem lubrificados e, por fim, como lubrificar cada ponto de seu equipamento.

Os próprios Operadores, com o auxílio de especialistas, identificarão os pontos de lubrificação de sua máquina e a engenharia de manutenção especificará os lubrificantes, a quantidade, o ferramental e a frequência para cada ponto.

Os Operadores elaborarão um padrão de lubrificação e um *checklist* e, uma vez aprovados pela Engenharia, deverão cumprir 100% dos itens programados.

Recordo-me de um relatório de anomalia – cinco Porquês – efetuado por um Operador de máquinas no Japão, que me marcou muito sob o aspecto do nível de consciência daquele Operador. Resumidamente, uma das máquinas sob sua responsabilidade quebrou, gerando, automaticamente, perda de produção. O próprio Operador elaborou a análise de falha por meio dos cinco porquês, chegando à conclusão de que, por falta de lubrificação em um mancal, aquele equipamento tinha gerado perdas consideráveis para sua empresa.

Ele concluiu a análise de falha dizendo que se sentia envergonhado, pois, enquanto sua máquina estava parada, gerando prejuízos, todas as demais que estavam sob a responsabilidade de seus colegas estavam trabalhando normalmente, contribuindo com a empresa.

Refleti sobre esse relatório de anomalia e sempre o citava como exemplo aos meus colaboradores, pois tive convicção de que aquela máquina nunca mais falharia, por falta de lubrificação, nas mãos daquele Operador.

O mesmo se aplica à atividade autônoma de **Reaperto**. Todos os Operadores, antes de receberem qualquer tipo de ferramenta, deverão passar por treinamentos devidamente aprovados pela Engenharia da empresa.

Os Operadores deverão receber conhecimentos básicos, tais como tipos de parafusos, porcas, arruelas, torques, ferramental, travas químicas, travas mecânicas, etc.

As aulas práticas deverão complementar todos os treinamentos teóricos, tanto de Reaperto como de Lubrificação e de Limpeza.

Alguém já teve a oportunidade de presenciar um mecânico usando extensão (pedaço de tubo) em cabos de ferramenta para aumentar o torque em parafusos de flanges, na tentativa de sanar vazamento?

Esse é um exemplo claro de falta de conhecimento por parte do executor.

Da mesma maneira que nas atividades de **Limpeza** e **Lubrificação**, os Operadores, após receberem os devidos treinamentos, deverão identificar todos os pontos de fixação de seus equipamentos e elaborar padrões de **Reaperto**, acompanhado sempre de um *checklist*, que deverá ser cumprido com disciplina e qualidade na execução.

Especificações, tais como torque e frequência, deverão ser fornecidas pela Engenharia da unidade fabril ou dos fabricantes dos equipamentos.

Antes de finalizarmos este capítulo, lembramos que as atividades Limpeza, Lubrificação e Reaperto (LLR) são **premissas** da Manutenção Autônoma e não podem haver falhas no cumprimento dessas tarefas.

A **conscientização** dos Operadores sobre a importância da execução correta da LLR deve ser parte integrante do processo de preparação dos Operadores.

Uma **operação ciente** da importância da LLR **não é suficiente** para garantir o cumprimento das tarefas.

É preciso que todos estejam **conscientes** de que a LLR é premissa inegociável da M.A. E existe uma diferença grande entre estar ciente e estar consciente.

Fazendo analogia com o ato de fumar, as pessoas estão cientes de que o cigarro é prejudicial à saúde e o fumo é responsável por inúmeras doenças que podem até levar à morte, mas somente aqueles **conscientes** não fumam, porque não querem ter sua saúde prejudicada pelo vício.

O **Operador ciente** sabe que, se ele não lubrificar, sua máquina vai quebrar e isso terá impactos na produção, mas mesmo assim ele negligencia a execução dessa atividade.

Já o **Operador consciente,** obviamente, sabe da importância da lubrificação e das consequências da falta dela e, por isso, **não** deixa de executar tanto as tarefas de Lubrificação como as de Limpeza e Reaperto, com disciplina e qualidade.

Faço questão de lembrar, a seguir, uma das frases mais usadas pelos Operadores que praticam a metodologia do TPM.

> Da minha máquina, cuido eu

2 COMBATE A FONTE DE SUJEIRA E LOCAIS DE DIFÍCIL ACESSO.

Nesta segunda etapa da Manutenção Autônoma, os Operadores já contam com um nível de conscientização que não existia no início da primeira fase.

A preocupação, agora, é desenvolver nos colaboradores a filosofia de que o bloqueio das causas que produzem a sujeira é mais importante que a limpeza em si.

Para isso, devemos citar vários e vários exemplos de situações de sucesso. Muitas vezes, ideias simples e baratas produzem excelentes resultados. Nada melhor do que o próprio Operador achar a solução para o problema da sua máquina, pois é ele quem fica, no mínimo, oito horas por dia em frente ao equipamento. Basta darmos uma "mãozinha" para que a criatividade dele aflore.

Vamos a alguns exemplos muito simples de combate às fontes de sujeiras:

- em indústrias madeireiras e de limpeza e estocagem de cereais, geralmente, tanto o piso como os equipamentos ficam cobertos por uma camada de pó. Esse resíduo, muitas vezes, tem origem em vazamentos nos dutos de aspiração que foram projetados para sugar o pó das máquinas de processo, enviando-o para coletores, evitando que se espalhe para o ambiente. Em caso de furos ou trincas nesses dutos, os Operadores cansarão de limpar e não terão seu objetivo atingido se não atacarem a fonte de sujeira por meio da simples vedação ou recuperação dos dutos nos pontos afetados;

- nos setores de bombeamento de óleo, água, produtos químicos etc., não é raro vermos gotejamentos ou até mesmo grandes vazamentos em sistemas de vedação com selos mecânicos ou gaxetas. Mesmo a manutenção das bombas estando em dia, os Operadores poderão canalizar os gotejamentos de produtos para um recipiente sob os sistemas de vedação, evitando que o produto se espalhe pela máquina ou pelo chão. Essa prática serve também como ponto de inspeção para o próprio Operador. Ele poderá avaliar a evolução, ou não, do vazamento e, se for o caso, tratar a anomalia, reapertar a gaxeta ou fazer a substituição da vedação.

Existem situações que exigem nova tecnologia e investimento, pois somente a participação da operação não é suficiente para a solução das anomalias. Nesses casos, a Engenharia da empresa deve entrar em ação e propor soluções definitivas.

A supervisão deve sempre manter os Operadores informados sobre as melhorias que estão sendo desenvolvidas e os benefícios que serão alcançados.

Uma boa prática é agendar apresentações da área de Engenharia para supervisores e Operadores, com o objetivo de informar e mostrar os estudos de melhoria que estão em desenvolvimento e os benefícios esperados, sempre dando oportunidade para comentários e sugestões.

Vejamos então mais um exemplo:

- a emissão de particulados produzidos em caldeiras geradoras de vapor por meio da queima de óleo combustível ultraviscoso é um problema sério e que exige muita atenção por parte da direção da empresa.

Além do aspecto ambiental, que obrigatoriamente é minimizado por meio de sistemas de filtragem de gases para atender a norma Conselho Nacional de Meio Ambiente (CONAMA), o critério de manutenção deste sistema de filtração deve ser muito rígido para evitar impacto ambiental. Em casos de trincas ou danos em dutos dos gases de combustão, a limpeza da área ao redor do equipamento fica comprometida e a operação investe muito tempo para eliminar a sujidade e mesmo assim não consegue manter a área livre de fuligens e particulados. Nestes casos, a operação deve atacar as fontes de sujeiras procedendo a recuperação de dutos de gases danificados, substituição de juntas de flanges, recuperação de multiciclones, etc.

Uma solução definitiva para zerar a sujidade seria a substituição do óleo por gás natural e isso, obrigatoriamente, passa pela avaliação do corpo técnico e da diretoria da empresa, fugindo das mãos da operação. Infelizmente, uma solução como essa não está ao alcance de todas as unidades fabris, em função da disponibilidade do gás natural na região onde a empresa está instalada.

Esse mesmo cenário de ataque às fontes de sujeira ocorre também para plantas com geradores de vapor que utilizam a biomassa[1] como com-

---

[1] Biomassa: combustível renovável que deve ser priorizado pelas empresas, em substituição aos combustíveis fósseis, com objetivo de reduzir os impactos ambientais.

bustível. Sistemas de gases de combustão devem estar isentos de anomalias para evitar fugas de particulados que dificultarão o "5S"[2] da área e consumirão tempo precioso dos Operadores para manterem limpos pisos e equipamentos da casa de caldeiras.

Ressalto que, tanto as fontes de sujeiras como os locais de difícil acesso, devem ser atacados por duas grandes razões:

- primeira: pela redução do tempo que os Operadores investirão no compromisso de manter a sua máquina limpa;
- segunda: pelo fator motivacional. É altamente frustrante para a operação consumir grande parte do tempo limpando sua máquina e tendo que conviver com seu equipamento e ambiente de trabalho constantemente sujos.

> É muito importante ressaltar que quanto menos atividades de limpeza os Operadores tiverem, mais tempo para se dedicarem às atividades de operação, inspeção e melhoria eles terão.

---

[2] "5S" são princípios oriundos da cultura japonesa, utilizados pelas organizações para harmonização de ambientes de trabalho - composto por 5 regras básicas: senso de utilização; senso de organização; senso de limpeza; senso de conservação e senso de disciplina.

Pegando um gancho na frase anterior, toda a atenção e todo o suporte dispensados aos Operadores no combate às fontes de sujeira e locais de difícil acesso são bem-vindos.

O retorno é garantido por meio da maior disponibilidade de tempo e da maior segurança para a realização das atividades de operação e de LLR.

Vou citar um exemplo real de combate aos locais de difícil acesso, onde os próprios Operadores sugeriram a melhoria e conseguiram reduzir em um terço o tempo investido tanto na Limpeza como na Lubrificação e Reaperto.

Na realidade, tratavam-se de cinco bombas sob um tanque separador de líquido de amônia que estava instalado muito próximo à parede do prédio da casa de máquinas. O cumprimento das atividades básicas era difícil, demorado e com certo risco, justamente pela falta de espaço e pela dificuldade de acesso. A sugestão apresentada pelos Operadores e aprovada pela Engenharia foi demolir uma parte da parede atrás do tanque separador e instalar uma grade protetora de remoção rápida, livrando assim um grande espaço para acesso dos Operadores de modo que pudessem exercer suas atividades com maior facilidade e praticamente sem nenhum risco de segurança.

Essa melhoria foi registrada em Lição de Um Ponto[1], sendo motivo de muito orgulho dos Operadores.

Tecnologia de lubrificação centralizada e automatizada é sempre uma boa opção principalmente pela garantia da correta lubrificação sob os aspectos de frequência e quantidade exata na aplicação do lubrificante.

> **Limpeza é Inspeção**

---

1 Lição de Um Ponto: ferramenta didática e de aprendizagem rápida, muito utilizada na cultura TPM - Total Productive Maintenance, hoje também chamado de Total Productive Management.

3 ELABORAÇÃO DE PADRÕES DE LIMPEZA, LUBRIFICAÇÃO E REAPERTO.

Uma vez treinados e conscientes sobre suas obrigações com as atividades de Limpeza, Lubrificação e Reaperto (LLR) e combate incansável a fontes de sujeira e locais de difícil acesso, chega a vez dos Operadores elaborarem os primeiros padrões de LLR.

Todos os colaboradores que cumpriram com sucesso as duas primeiras etapas deverão receber treinamento sobre como elaborar um padrão das atividades de Limpeza, Lubrificação e Reaperto.

> **O padrão é muito importante,** pois garante que a operação execute a tarefa sempre da mesma maneira.

Com o passar do tempo, os próprios Operadores descobrirão meios de executar as atividades de LLR mais simplificadas. Nesses casos, os padrões deverão ser atualizados, treinados e cumpridos com disciplina por toda a Operação.

Como exemplo, citamos a busca constante da Operação em reduzir o tempo de execução das tarefas de LLR para que os Operadores tenham mais tempo a ser dedicado à função de operar o equipamento.

É muito importante que esses padrões sejam elaborados pelos próprios Operadores. As principais características de um bom padrão são:

- deve ser elaborado da maneira mais simples possível, ou seja, didática;
- quanto menos texto, melhor. Quando for indispensável, o texto deverá ser curto, porém esclarecedor;

- as figuras ou fotos substituindo textos são fundamentais;
- o colorido chama atenção e torna mais atrativa a interpretação.

Veremos, mais à frente, a importância da padronização no processo produtivo. Só para termos uma ideia, esses padrões de LLR, como já foi dito, deverão ser elaborados pelos próprios Operadores. **Quem fez passa a cumprir, pois acredita naquilo que escreveu.**

Vejamos, agora, o exemplo de um setor industrial onde existem várias máquinas de um mesmo modelo. Como deverão ser elaborados os padrões?

Uma boa prática é treinar todo o grupo de Operadores desse setor explicando o que é um padrão LLR e mostrando exemplos de padrões corretos. É importante envolver todo o grupo e fazer com que os treinandos exercitem as práticas gerando padrões sob a supervisão e a avaliação do instrutor.

Uma vez treinados, os Operadores devem partir para a prática e, em conjunto, iniciar a elaboração dos padrões de limpeza.

Como as máquinas são idênticas, depois das discussões sobre a melhor maneira de executar as atividades, é importante que o instrutor avalie e valide os padrões.

Uma vez aprovados, aqueles padrões passam a valer para todas as máquinas do setor e os Operadores deverão cumpri-los fielmente, após o treinamento.

Como citamos anteriormente, um padrão não é um documento definitivo, ou seja, ele sempre estará sujeito a alterações, desde que elas venham produzir melhores resultados para o Operador e para o processo.

Um padrão pode ter várias versões e, se isso ocorrer, é um bom sinal. Demonstra que a operação está muito motivada, cumprindo o padrão e descobrindo novas maneiras de executar uma tarefa, como simplificar a rotina, reduzir tempo das atividades ou mesmo melhorar o nível de limpeza de uma determinada máquina.

Uma vez concluída a elaboração dos padrões de Limpeza, inicia-se os padrões de Lubrificação e de Reaperto, seguindo a mesma receita anterior.

As áreas devem manter os padrões em vigência sempre à vista. Para isso, é necessário que haja um controle único dos padrões da unidade.

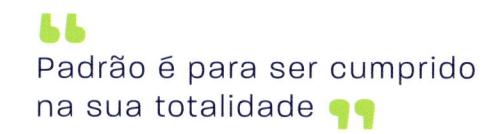

> **Padrão é para ser cumprido na sua totalidade**

4. INSPEÇÃO GERAL

Nas três fases anteriores, o foco era a conscientização da **Operação** em relação ao compromisso com seus equipamentos, seu processo e sua empresa, por meio da mudança de atitude, se responsabilizando por ações que, anteriormente, nunca lhes haviam sido questionadas.

Todo aprendizado nessas três etapas estava vinculado ao tato, ao olfato, à audição e à visão. Limpar a máquina tocando-a com as próprias mãos faz sentir vibrações ou aquecimentos que antes não eram percebidos e que agora servem como alerta de anomalias.

Os Operadores aprenderam a ter visão mais acurada para perceber vazamentos de óleo, de água, e de produtos, corrosões, etc.

O olfato agora pode perceber odores estranhos ao ambiente de trabalho, indicando eventuais anomalias como vazamentos de fluidos, motor ou painel em aquecimento, etc.

Com os ouvidos mais atentos, percebem-se, com maior rapidez, barulhos em máquinas, fugas de vapor e de ar comprimido. Esse último, por exemplo, é tido como verdadeiro "ladrão" de energia nas fábricas, pois não tem cheiro e, com exceção do barulho, pouco incomoda as pessoas no ambiente de trabalho.

Agora, nesta quarta etapa, o objetivo é aumentar os recursos técnicos dos Operadores, de modo que eles adquiram habilidades para que possam reduzir as quebras e, consequentemente, as perdas de produção por meio de inspeções, permitindo a identificação de anomalias e pequenas manutenções no equipamento.

Para isso, é necessário que a Operação passe a compreender as estruturas e funções do seu equipamento com uma visão técnica que, até então, não tinha.

Passa a ser premissa, o entendimento pelos Operadores sobre o princípio de funcionamento do seu equipamento, como ele é composto internamente, e quais são seus elementos de máquinas, como redutores, acionamentos, transmissões e outros. Sistemas pneumáticos, hidráulicos, acionamentos e instrumentação, serão exaustivamente estudados e compreendidos.

Se, na etapa anterior, o importante era manter os parafusos apertados de maneira que não ficassem frouxos, agora o Operador aprenderá conceitos técnicos do torque adequado e eventuais problemas, se os parafusos receberem torque superior ao recomendado pelo fabricante do equipamento.

Da mesma maneira, ocorrerá com a instrumentação. Os Operadores passarão a ler, e, principalmente, interpretar a informação. Por exemplo, a pressão e a temperatura de trabalho do sistema hidráulico. O Operador deverá saber por que o óleo deve trabalhar a uma pressão de 4 kgf/cm_2 e não a 2 ou 6 kgf/cm_2. Mais ainda, terão condições técnicas de avaliar porque a pressão está abaixo ou acima da especificada e o que isso pode acarretar no seu processo.

Nessa fase, é vital o treinamento com profissionais especializados nos equipamentos para ensinar e treinar os Operadores detalhadamente sobre aspectos técnicos da máquina.

O papel da área de Manutenção é imprescindível para a capacitação dos Operadores. O que antes era feito apenas com os sentidos, agora pode ser acessado com algumas inspeções realizadas por meio de instrumentos de medições para facilitar e detectar anomalias com maior precisão.

A área de Engenharia de Manutenção é a responsável pela preparação dos treinamentos técnicos, tanto teóricos como práticos.

Os treinamentos devem ser realizados via "cascata", formando primeiramente os líderes de áreas e esses, por sua vez, treinarão os Operadores.

Vale sempre o conceito de **quem ensina sabe**. A responsabilidade dos líderes é grande. Eles deverão assimilar todo o conhecimento adquirido em treinamento, sanar as eventuais dúvidas e se preparar para transmitir, com propriedade, aos demais Operadores do grupo.

Manuais de manutenção, fotos, vídeos e peças em corte são materiais didáticos indispensáveis nesses treinamentos.

Os instrutores deverão ter sempre em mente que o objetivo do treinamento é capacitar os Operadores, de modo que eles se tornem aptos a inspecionar os pontos de atenção da máquina, detectando e, em muitos casos, corrigindo anomalias com potencial de geração de grandes paradas da máquina e do processo produtivo.

As anomalias chamadas de latentes, como vibração, trincas, aquecimentos, corrosão, fugas, etc., serão mais facilmente detectadas e, às vezes, sanadas pelos Operadores, em função das habilidades adquiridas nos diversos treinamentos.

Essas anomalias, apesar de existirem, ainda não limitam a capacidade do equipamento, até o momento em que uma delas se torna importante a ponto de reduzir a produção da máquina ou até mesmo de paralisá-la totalmente.

Quando a recuperação exigir mais recursos técnicos, a área de Manutenção deve ser acionada para intervir.

Como dissemos, os treinandos assimilam muito mais quando recebem o complemento do treinamento teórico, fazendo simulações na própria máquina. A prática ajuda na fixação e consolidação do aprendizado e torna o treinamento muito mais atraente.

Os Operadores elaborarão padrões de inspeção e saberão quais os itens a serem inspecionados, como efetuar a inspeção, como funcionam esses itens, qual a sua condição normal e, principalmente, o que fazer quando detectada uma anomalia.

A Lição de Um Ponto é uma ferramenta indispensável na evolução do aprendizado.

Resumidamente, nesta 4ª etapa, os Operadores passarão a compreender o funcionamento da máquina como um todo, tornando-se aptos a executarem com disciplina e qualidade a **inspeção geral** da máquina, detectando e restaurando anomalias, dando um grande passo para a busca da Quebra Zero.

Poderia concluir aqui a 4ª etapa da M.A., mas pela importância desse tema, achei melhor uma complementação com um exemplo muito didático, que chamo de **Pirâmide de Resultados Sustentáveis**.

Por que a metodologia TPM dedica a etapa 4 da Manutenção Autônoma à capacitação da operação?

Vamos entender esse questionamento por meio de outra pergunta que me fizeram em um treinamento.

Uma vez perguntaram-me o que era necessário para conseguir bons resultados num processo produtivo. Respondi que as equipes desse processo teriam que ter **conhecimento** para manter esse processo operando.

Aí, eu questionei:

- Mas acho que não é bem isso o que vocês realmente querem, certo? O que vocês desejam não seria obter **resultados sustentáveis**?

- Sim, sim, é isto o que queremos nos nossos processos: bons resultados de maneira constante, e não esporádicos.

Então, para que todo o processo produtivo atinja resultados de alta performance, obrigatoriamente, tem que contar com equipes **capazes**, dentro de seus escopos de responsabilidades e ter uma **metodologia** de trabalho aliada ao cumprimento da **rotina**.

Para deixar esse tema mais didático, desenhei uma pirâmide com três degraus imprescindíveis na busca de resultados sustentáveis:

Pirâmide de resultados sustentáveis

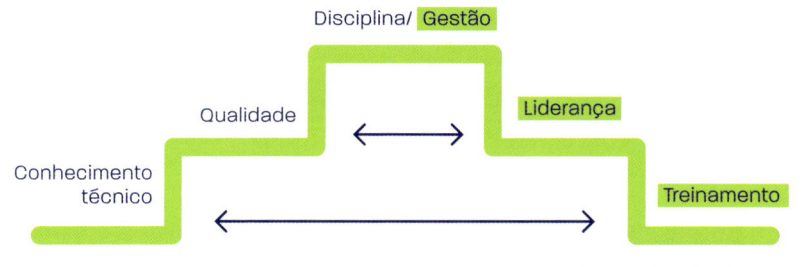

Disciplina/ Gestão
Qualidade
Liderança
Conhecimento técnico
Treinamento

Fonte: Elaborado pelo autor

Vamos pensar que, para resolver qualquer tipo de problema ou anomalia, independentemente da área de atividade, é necessário que os envolvidos nesse compromisso de busca de solução tenham conhecimentos para desenvolver estudos, pesquisas, trocas de ideias e testes, até conseguir uma resposta para o tal problema.

Isso parece óbvio, pois não seria possível elaborar uma proposta sem ter, no mínimo, conhecimentos básicos a respeito do problema em avaliação.

Agora, vamos citar um exemplo prático de um grupo de cientistas que busca um remédio para a cura de uma doença ainda desconhecida. São necessários vários anos de análises e estudos para encontrar uma droga capaz de atender às expectativas dos cientistas. Desnecessário falar sobre o conhecimento de que este grupo precisa ter para alcançar o sucesso neste desafio.

Resumidamente, **não** há como buscarmos soluções **sem** conhecimento técnico instalado.

Isso é exatamente o que ocorre em qualquer processo industrial, em que temos vários tipos de equipamentos que, juntos, trabalhando de forma harmônica, são capazes de atender ao volume de produção com qualidade e segurança.

Quando um equipamento sofre uma avaria e interrompe a produção, torna-se necessária uma avaliação técnica para a recuperação da máquina e também para evitar reincidências.

Na maioria das vezes, são situações simples e de fácil solução. Então, o equipamento é restaurado, voltando à produção rapidamente.

Em outras situações, torna-se necessária uma investigação mais aprofundada, que exige a intervenção do corpo técnico da empresa e até mesmo do fabricante da máquina.

E é justamente pelas razões acima que a base da nossa pirâmide de **resultados sustentáveis é o conhecimento técnico.**

> Não se deve construir NADA em cima de uma base, se ela não for sólida

Pirâmide de resultados sustentáveis

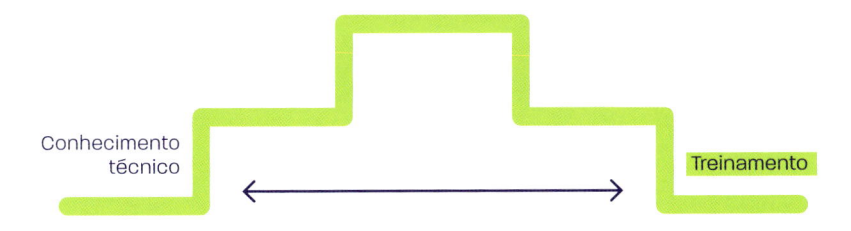

Conhecimento técnico ←——————→ Treinamento

Fonte: Elaborado pelo autor

E como conseguir a capacitação das equipes de Operação e Manutenção que comandam um processo industrial? Basta olharmos para o lado direito da pirâmide. **Treinamento, treinamento** e **treinamento**. Treinamento é um processo que tem início, mas não tem fim. A atualização das equipes é fundamental.

Bom, como já dito, se quisermos **bons resultados**, treinamento e capacitação são o suficiente. Mas não é isso o que queremos. Vamos para o 2º degrau da pirâmide em busca de bons resultados de maneira **sustentável**.

Então, partimos do princípio de que as equipes estão devidamente capacitadas para executar com perfeição suas tarefas. Se elas sabem como fazer, então devem cumprir suas tarefas com **qualidade**.

E o que seria cumprir com qualidade? É executar a tarefa da maneira correta, cumprindo o padrão na sua totalidade. Um Padrão é feito para ser cumprido em 100% de suas especificações e procedimentos.

Pirâmide de resultados sustentáveis

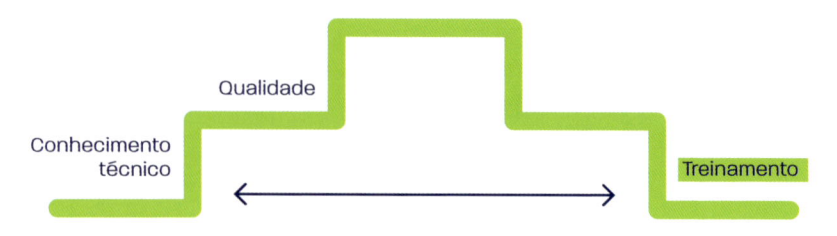

[Conhecimento técnico — Qualidade — Treinamento]

Fonte: Elaborado pelo autor

Vamos citar, a seguir, um exemplo real de falta de qualidade no cumprimento de um padrão de manutenção básica.

O padrão pedia a lubrificação dos rolamentos de um equipamento de alta velocidade de 8 em 8 horas. Mas, como essa máquina estava travando e provocando paradas no processo, a liderança, após uma avaliação mais detalhada, constatou que a lubrificação estava sendo feita uma vez por turno, o que é diferente de intervalos de 8 horas.

Na realidade, o que estava ocorrendo é que o Operador do 1º turno às vezes lubrificava os rolamentos logo após iniciar o seu turno, e o Operador do 2º turno lubrificava os mesmos rolamentos pouco antes de finalizar a jornada. Isso gerava intervalos de até 15 horas operando o equipamento sem lubrificação.

Após esse exemplo, voltamos à pirâmide e questionamos: como podemos garantir que as tarefas estão sendo realizadas com qualidade? Novamente, do lado direito da pirâmide temos a resposta.

Pirâmide de resultados sustentáveis

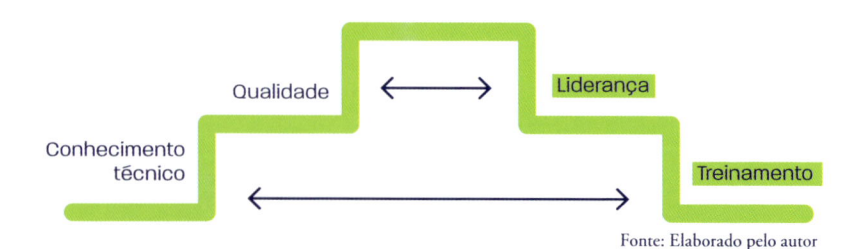

[Conhecimento técnico — Qualidade — Liderança — Treinamento]

Fonte: Elaborado pelo autor

As **lideranças** das equipes devem garantir **qualidade** na execução das tarefas por meio de seus comandados. Se o time foi treinado e sabe fazer da maneira correta, não há razão para assim não proceder.

Agora que as equipes já estão capacitadas e sabem executar as tarefas com qualidade, o que mais faltaria para atingir resultados sustentáveis?

Falta o 3º e último degrau, a **disciplina** na execução das tarefas. E o que seria executar com disciplina? Não basta realizar as tarefas com qualidade uma vez ou outra, a rotina deve ser cumprida sem lacunas e as atividades **planejadas** devem ser totalmente **realizadas**.

Pirâmide de resultados sustentáveis

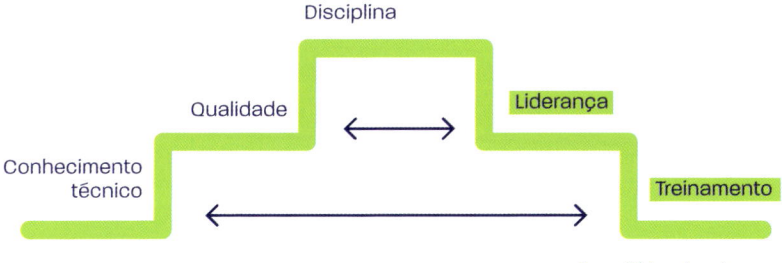

Fonte: Elaborado pelo autor

E como podemos garantir que essas tarefas estão sendo cumpridas? Olhando do lado direito da pirâmide encontramos a resposta: por meio da **gestão**.

Pirâmide de resultados sustentáveis

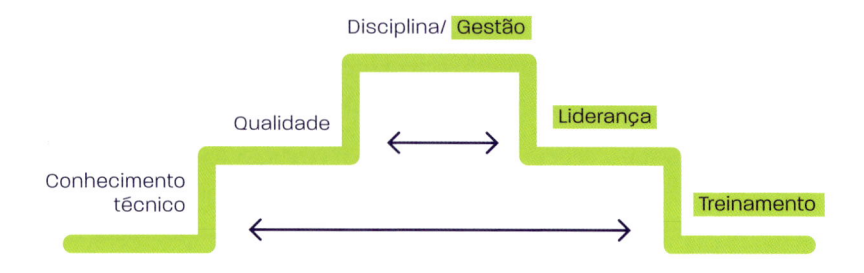

```
                    Disciplina/ Gestão
         Qualidade              Liderança
Conhecimento
   técnico                              Treinamento
```

Fonte: Elaborado pelo autor

O sistema de gestão implantado juntamente com a liderança garantirá o cumprimento da **rotina** dos Operadores.

A capacitação das equipes mais a execução com qualidade e disciplina tem que ter reflexo nos **resultados** do processo de maneira sustentável.

Se os bons resultados não aparecem, temos que voltar para a base da pirâmide e avaliar a fundo cada um dos degraus, para detectar onde está a falha de avaliação e corrigi-la.

Nunca esqueça: *"A correlação é direta entre os resultados obtidos e a conquista dos degraus da pirâmide"*.

Agora que temos um entendimento sobre o conceito da pirâmide de resultados sustentáveis, vamos ver um exemplo didático sobre o tema.

Certa vez, um diretor industrial, ao visitar uma planta fabril, observou que a sala de reunião estava com as paredes e o teto com a pintura muito desgastada, apresentando várias trincas que, de certa forma, tornavam o ambiente nada agradável.

O diretor chamou o gerente e o questionou a respeito da manutenção da referida sala. A resposta foi de que a planta estava sem pintores no quadro de funcionários e ele não poderia fazer a contratação naquele momento.

O diretor retrucou dizendo ao gerente que ele deveria buscar uma solução permanente e não pontual.

Isso foi o suficiente para o gerente entender o recado e tomar providências. Ele pediu a um de seus líderes que escolhesse dois de seus colaboradores para treiná-los, na teoria e na prática, em técnicas e habilidades de pintura – **conhecimento técnico**.

O escopo da formação do profissional de pintura contava com tipos de tintas, tipo de aplicação, preparo de superfícies, impermeabilizantes, fundos, tipos de acabamento, etc.

Os colaboradores, agora "pintores" capacitados, elaboraram padrões de pintura com procedimentos, tintas, materiais, ferramentas necessárias na aplicação, período de inspeções da sala para detectar eventuais avarias e reparos e prazo para repintura do ambiente, e assinaram na última linha do padrão: "*Fui treinado e sou capaz de fazer.*"

E assim foi feito. Os pintores prepararam as paredes e os tetos e repintaram com habilidade, tornando o ambiente mais claro e agradável – **qualidade na execução**.

O plano de manutenção pedia que, uma vez por mês, um dos pintores fizesse a inspeção completa da sala – *checklist*: paredes, teto, trincas, sujidades, infiltrações, etc. Caso o profissional observasse alguma anomalia, ela seria tratada de imediato.

Ainda segundo o plano, de três em três anos, a sala seria repintada totalmente – **disciplina**.

Caso um dos pintores fosse transferido para outra função, um novo colaborador seria treinado nos mesmos moldes que o anterior para manter a qualidade e a habilidade na execução dos procedimentos do padrão de pintura.

Com essas ações adotadas, o gerente nunca mais foi surpreendido pelo diretor, pelo menos em relação à conservação da sala de reunião.

> Fui treinado e sou capaz de fazer

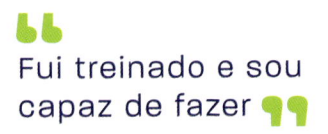

5 INSPEÇÃO AUTÔNOMA

Nesta fase, como os Operadores já contam com uma bagagem técnica pelos treinamentos vivenciados na etapa da Inspeção Geral, eles são capazes de gerar novos padrões e também de aperfeiçoar os padrões desenvolvidos nas etapas anteriores, de modo a torná-los mais eficientes. Isso se faz revisando procedimentos de manutenção autônoma e assegurando controles corretos e prevenção de erros operacionais.

A revisão dos padrões deverá abranger aspectos do como fazer e do prazo de execução de cada tarefa.

Com a evolução da capacitação técnica dos Operadores, novos itens devem ser inseridos nas tarefas diárias e, consequentemente, o tempo dedicado ao *check* aumenta. O desafio passa a ser a busca pela redução do tempo de cada uma das inspeções, bem como maior qualidade nessas tarefas.

Todas as alterações deverão resultar em aumento da confiabilidade, buscando a Quebra Zero.

A definição de responsabilidades pelo cumprimento de atividades entre Operação e Manutenção deverá ficar muito clara. Cuidados deverão ser tomados, de modo que não haja duplicidade e falta de execução de tarefas.

Informações sobre os planos de manutenção dos equipamentos das áreas deverão ser de conhecimento dos Operadores.

Exemplificando, o Operador, dono da máquina, deverá saber a duração e a data em que ocorrerá a parada preventiva do seu equipamento, e quais atividades serão executadas.

Inspeções periódicas com utilização de novas tecnologias deverão ser implementadas sempre que possível.

O aprimoramento do **controle visual** é vital nesta etapa. Ele facilita e garante inspeções com qualidade, além de proporcionar grandes reduções de tempo.

> Quanto menor o tempo investido na inspeção, mais tempo o Operador terá para dedicar-se à operação efetiva da máquina

6 PADRONIZAÇÃO

Nesta 6ª fase, em função dos conhecimentos agregados pelos Operadores nas duas etapas anteriores, o objetivo é sanear atividades sob a responsabilidade dos Operadores e incluir novas, com ênfase na **qualidade** dos produtos, buscando o **zero defeito**.

Fazemos isso reavaliando quais atividades de inspeção do equipamento são realmente necessárias, bem como os objetivos e os resultados obtidos por cada uma delas. Excluem-se aquelas que pouco agregam na conservação da máquina.

Redimensionam-se as tarefas, priorizando aquelas que trazem benefícios para os equipamentos e para o processo.

Incluem-se atividades padronizadas e metodologia de trabalho e de coleta de dados, com ênfase na **qualidade** dos produtos, focando no Zero Defeito.

Ergonomia e ambiente de trabalho são muito importantes neste processo. Devem-se estudar melhorias na área de trabalho, de modo a proporcionar conforto e facilidades para a operação do equipamento e para as inspeções autônomas.

Aqui, são checadas: a disposição das instalações, segundo um estudo de tempos e movimentos, a iluminação, a temperatura e a circulação de ar na área de trabalho.

Não deve haver dificuldade para os Operadores realizarem suas tarefas diárias, de maneira que impliquem em perda de tempo ou, até mesmo, dificultem sua realização pelos Operadores.

As áreas de Engenharia e de Operação da empresa devem dar atenção às propostas de melhorias apresentadas pelos Operadores para implementação nos equipamentos e nos processos, de maneira que tragam agilidade e qualidade no cumprimento das inspeções autônomas.

A falta de retorno aos Operadores em relação às propostas sugeridas acarreta desmotivação muito grande no time. É vital a elaboração de sistema de gestão das inspeções autônomas.

A responsabilidade do Operador é ampliada para áreas ao redor de seu equipamento para que possam influenciar positivamente no seu processo de produção.

O entendimento do fluxo do processo por parte do Operador o auxiliará em soluções de melhorias para a redução de tempos de parada de produção.

Nesta fase, é estabelecido o sistema de Manutenção da Qualidade. O Operador saberá correlacionar os defeitos de produção e as condições operacionais de seu equipamento.

Vejamos um exemplo de um colaborador de uma fábrica de bebidas, que opera uma máquina de encher garrafas com capacidade para 60.000 unidades por hora.

Esse equipamento obrigatoriamente tem que estar em excelente condição operacional para produzir com qualidade.

Se a enchedora apresentar desgastes mecânicos, vibrações, vedações danificadas, vazamento de bebida, baixa pressão de ar comprimido, etc., a perda de produção e de produto será muito grande e, consequentemente, o prejuízo também.

Imagine esse equipamento produzindo 300 garrafas mal cheias por hora. Estamos falando de 0,5% de refugadas.

No final de uma jornada de 12 horas, seriam 3.600 unidades, e ao final do mês 90.000 garrafas rejeitadas, resultando em descarte desse produto.

Nesse exemplo, a empresa assumiria o prejuízo não só do produto descartado, mas também a falta dessas 90 mil garrafas no mercado.

Uma vez compreendido o tamanho do problema, vem o questionamento:

Como o Operador pode evitar que sua enchedora produza fora do padrão de qualidade?

Considerando que esse Operador atingiu a 6ª etapa da M.A., ele já conhece tecnicamente seu equipamento e como funciona o processo de enchimento de uma garrafa. Conhece a função de cada peça da máquina e sua regulagem. Sabe os parâmetros de operação da enchedora, tais como: velocidade, pressão e temperatura de entrada da bebida, pressão de gás carbônico e nível de bebida dentro da máquina, entre outros.

Caso a enchedora comece a produzir garrafas mal cheias, o Operador automaticamente checa os parâmetros de operação que estão relacionados a essa anomalia.

Um dos principais parâmetros é a temperatura da bebida na entrada da enchedora. Se ela estiver acima da temperatura padrão de envase, a bebida espuma prejudicando o enchimento da garrafa. O Operador, então, identifica rapidamente a anomalia e para a máquina.

Em seguida, informa o seu supervisor para que proceda, junto ao líder da etapa anterior do processo de envaze, a correção da temperatura da bebida para que se possa dar prosseguimento à produção.

Ainda referenciando a anomalia citada, há outras causas além da temperatura fora do padrão técnico de processo que podem acarretar mal enchimento das garrafas. Os Operadores são treinados para identificá-las e solucioná-las rapidamente:

- se o bico de enchimento estiver empenado, o Operador deve substituí-lo;
- se a aba cônica estiver danificada, o Operador deve substituí-la;
- se a pressão da bebida estiver baixa na entrada da máquina, o Operador deve reajustar a válvula reguladora de pressão;
- se a borracha da tulipa estiver cortada, o Operador deve trocá-la.

Poderíamos citar outros casos de perdas semelhantes em outros processos produtivos, mas entendo que esse exemplo mostrou a importância da intervenção do Operador perante uma anomalia relacionada à qualidade do produto.

Veja como é imprescindível a **capacitação** do **time** de **Operação** para a produtividade de um processo industrial.

No exemplo citado anteriormente, podemos observar três itens relevantes:

1. Velocidade do Operador na identificação da anomalia;
2. Velocidade do Operador na solução do problema;
3. Independência do Operador quanto ao suporte técnico de execução das tarefas para as quais ele foi treinado.

A implantação desta 6ª etapa passa também pelo estabelecimento de sistemas de controles autônomos para ferramentais, peças sobressalentes, consumíveis, materiais e logística.

Os sistemas oficiais de informação de dados da empresa, tais como: consumo de energia elétrica e de combustível, eficiência de equipamentos, custos de manutenção, indisponibilidade de máquinas e produtos rejeitados passam a ser conhecidos e acessados pelos Operadores por meio de treinamentos programados, garantindo confiabilidade de informações.

A **padronização** é vital. A uniformidade na aplicação e no controle de tarefas fundamentais garantirá a agilidade e qualidade das atividades. Essas, por sua vez, irão assegurar o aumento de produtividade e o caminho correto para Zero Falha e Zero Defeito.

> Padrões não são definitivos. Novas versões refletem comprometimento dos Operadores em busca de melhorias no processo

7 CONTROLES AUTÔNOMOS

Antes de iniciarmos esta 7ª etapa, podemos dizer que, se concluirmos com qualidade as seis primeiras fases, teremos equipamentos sem quebras ou falhas por degenerações forçadas, pois as causas foram bloqueadas pela aplicação das atividades de LLR.

O conhecimento técnico agregado aos Operadores na 4ª fase contribui muito para as atividades de detecção e bloqueio de anomalias.

A incrementação dos padrões realizada na 5ª fase aumenta a eficiência das inspeções e proporciona maior confiabilidade nos equipamentos e nos processos.

A padronização de métodos de trabalho e de coleta de dados, os estudos de interface **homem-máquina**, bem como o foco na manutenção de qualidade dos produtos, garantem agilidade na obtenção de resultados e na redução de retrabalhos e defeitos de produtos.

Nesta última etapa da Manutenção Autônoma, o objetivo é fazer com que os Operadores tenham **luz própria**, ou seja, participem de maneira proativa, buscando com motivação, novos desafios, tais como melhores índices de produtividade, qualidade e confiabilidade, sempre atrelados às diretrizes da empresa.

Os controles de produção, consumos específicos de energia, gastos com manutenção e indisponibilidades de máquinas por quebras devem ser gerenciados no dia a dia.

Trabalhos de melhorias fazem parte da rotina dos Operadores. A busca por soluções que levam à redução de consumo de energia, de matéria-prima e de insumos é parte integrante da **vida** dos Operadores.

Com suporte da gerência e da supervisão, os Operadores passam a conhecer as diretrizes e metas desdobradas até o chão de fábrica.

Cada Operador saberá a importância do resultado do seu processo para a empresa.

Os treinamentos sobre recuperação de equipamentos continuam evoluindo, atualizando e capacitando a operação para efetuar reparos com maior grau de dificuldade, ampliando a participação nas intervenções com qualidade técnica e segurança.

O **reconhecimento** da liderança para com os Operadores é vital. Esse é o "combustível" que manterá toda a equipe **motivada**, gerando novas ideias e novas oportunidades de ganho para a companhia.

Certa vez, recebi um e-mail de um colega de trabalho que estava muito satisfeito com os resultados de eficiência de seu processo, em função da implantação da Manutenção Autônoma.

Tomo aqui a liberdade de reproduzir uma parte do texto que representa muito bem o sentimento dele com relação à sua equipe:

"[...] isso é energia voluntária. Não se trata de trabalhar duro porque alguém está em cima de você com um cronômetro, mas porque você acredita nos objetivos da empresa".

Finalizo os comentários desta 7ª etapa reafirmando que a Manutenção Autônoma é, antes de tudo, uma mudança de cultura. Os Operadores passam a se **indignar** frente às anomalias e não aceitam perdas no seu processo.

> ❝ Se a perfeição é utopia, a busca pela perfeição não é, então devemos persegui-la sem trégua ❞

Matriz de responsabilidade para implantação e desenvolvimento da Manutenção Autônoma (M.A)

Como já foi dito, a mudança de cultura deve partir da direção da empresa e a implantação da Manutenção Autônoma **exige** a mudança do modo de pensar de toda a companhia.

Uma vez entendido isso, definem-se **responsabilidades** pela implantação da M.A. como forma de garantir a gestão da evolução desse trabalho no chão de fábrica, de maneira muito clara para todos os colaboradores, gerentes e diretores da empresa. Isso evita desencontros na execução de atividades e todos estarão focados em um só objetivo.

O trabalho de implantação da M.A. é árduo e exige comprometimento e dedicação de todos. O segredo é a elaboração de um planejamento detalhado conforme metodologia TPM.

Tão importante quanto o plano é a execução fiel àquilo que foi definido. A interação entre áreas é mandatória. A vitória de um é a vitória de todos.

Perseverança é a palavra mágica. Nunca desista do objetivo, nunca ache que é impossível, nunca abandone sua meta. Nem esqueça que seu trabalho tem reflexo no resultado final da empresa.

A seguir, temos o desenho da matriz de responsabilidade da implantação da Manutenção Autônoma em uma empresa.

VISÃO DA UNIDADE

Produto	Responsabilidade	Execução	Verificação	Suporte	Dono
Manutenção Autônoma	→	Supervisor da Área	Gerente da Área	Facilitador Fabril	Gerente Fabril

VISÃO DA ÁREA

Responsabilidade → Atividades ↓	Execução	Verificação	Suporte	Dono
Limpeza, Lubrificação e Reaperto	Operadores da Área	Supervisores da Área	Facilitador da Área	Gerente da Área
Combate às fontes de sujeiras e locais difícil acesso				
Elaboração Padrões Provisórios - LLR				
Inspeção Geral				
Inspeção Autônoma				
Padronização				
Controle Autônomo				

A matriz é autoexplicativa, mas fazemos questão de comentá-la, pela importância que ela representa tanto na fase de implantação como na evolução da M.A. no chão de fábrica.

Primeiramente, sob a **visão** da **unidade**, o gerente da fábrica é o dono da implantação e do desenvolvimento da M.A. na planta. Ele é a pessoa que será cobrada pela **direção** da empresa quanto à evolução do cronograma da M.A.

O gerente fabril não está sozinho nesse desafio. Ele terá o suporte técnico via facilitador fabril. Esse facilitador, por sua vez, conta com formação na metodologia TPM e, consequentemente, tem capacidade para instruir, orientar e treinar todos os envolvidos na implantação e evolução da M.A. desde os gerentes até os supervisores, facilitadores e Operadores.

O gerente fabril cobrará dos seus gerentes de área a evolução da implantação da M.A. no chão de fábrica, conforme cronograma aprovado na fase de planejamento. É responsabilidade indelegável do gerente fabril prover recursos para que a implantação da M.A. possa evoluir com sucesso na unidade.

O compromisso dos gerentes de área perante o gerente fabril torna-os **donos** da implantação da M.A. nos seus processos, vide figura da **visão** da **área**.

Resumindo, ao mesmo tempo em que são cobrados, eles passam a cobrar e garantir recursos aos seus supervisores, para a evolução da M.A. em sua área.

Nesse cenário, os supervisores são os responsáveis pela implantação da M.A. no chão de fábrica, por meio da gestão e do comando na execução das atividades de M.A. pelos Operadores.

São os supervisores que cobrarão recursos junto aos gerentes e os repassarão para os Operadores executarem suas tarefas de M.A.

Essa corrente não pode ser quebrada, sob o risco de comprometer o cronograma de implantação e evolução da M.A. na fábrica.

> Um bom planejamento, seguido de uma execução com qualidade garante o sucesso no desenvolvimento de um trabalho

3º MANDAMENTO:
EFETUAR AS REGENERAÇÕES DOS EQUIPAMENTOS

"A manutenção não pode ser percebida somente quando há impactos negativos na produtividade, na segurança ou no meio ambiente. Recursos são importantes para manter o processo"

Planejamento da Manutenção

Já é sabido que, se considerarmos os Mandamentos 1 e 2 cumpridos na íntegra, podemos afirmar que os equipamentos não apresentarão falhas por operação indevida nem por falta de limpeza, lubrificação e reaperto.

Mas mesmo as máquinas tendo um alto nível de conservação por meio da Manutenção Autônoma – LLR, muitos componentes dos equipamentos continuarão tendo desgastes naturais em função das horas trabalhadas.

Vejamos o caso de rolamentos. Independentemente de a **lubrificação** ser realizada conforme especificado pelo fabricante, sua vida útil é limitada pelo número de horas trabalhadas.

E é aí que entra o trabalho de recuperação dos equipamentos, que podemos chamar de **regeneração**.

Outros exemplos similares ao do rolamento poderão também ser citados, como casos de esteiras transportadoras, correntes e correias de transmissão, rotores, acoplamentos, engrenagens, etc.

Esses elementos de máquinas também têm a vida útil definida pelo fabricante, o que deve ser levado em conta quando realizada a elaboração do plano de manutenção.

Como regra, podemos afirmar que as atividades de Manutenção Autônoma são premissas para a conservação das máquinas e complementam os trabalhos de regeneração, executados por meio do plano de manutenção. Desse modo, os equipamentos são mantidos nas condições originais do projeto.

Não temos como afirmar qual dos cinco Mandamentos contribui mais para a busca da Quebra Zero. Todos eles são indispensáveis como se fossem cinco pilares de um edifício, devidamente calculados para assumir a sustentação e, em caso de rompimento de um deles, o prédio ficaria na iminência de ruir. Um Mandamento complementa o outro.

A regeneração dos equipamentos, obrigatoriamente, passa pelo planejamento da manutenção como um todo.

Hoje, não se concebe um processo sem um **plano de manutenção** bem desenvolvido, estruturado e com cumprimento sistematizado.

O plano de manutenção deve ser elaborado a partir de uma análise de **importância** de cada equipamento que compõe o processo produtivo.

Essa análise leva em conta o impacto que cada máquina pode gerar nas áreas de segurança, meio ambiente, qualidade e produtividade da Unidade Fabril.

Utilizam-se perguntas como: qual o impacto que uma parada do gerador de vapor causaria em termos de atendimento ao volume de produção?

Qual o impacto que um incidente nesse equipamento geraria quanto aos aspectos de danos pessoais, materiais e ambientais?

Qual o impacto que uma máquina de embalagem com problemas técnicos causaria em termos de qualidade do produto? A quebra ou falha de uma determinada máquina provocaria a parada total ou parcial de um setor produtivo ou do processo como um todo?

Depois de realizado esse trabalho, teremos todos os equipamentos classificados de acordo com o grau de importância dentro do processo produtivo. Essa classificação deve nortear a elaboração do plano de manutenção.

Logicamente, equipamentos mais importantes em termos de riscos de impactos em qualidade, produtividade, meio ambiente e segurança, serão priorizados e receberão mais atenção e recursos suficientes para que possam desempenhar bem e com eficiência suas **tarefas**.

Um plano de manutenção de máquina consta basicamente de uma programação de atividades elétricas, eletrônicas, mecânicas e de instrumentação capaz de manter o equipamento operando dentro das condições originais, especificadas pelo fabricante. Para isso, constarão perguntas do plano de definições básicas como:

O que fazer? Como fazer? Quando fazer? Quem irá fazer? Qual o tempo previsto para fazer? E quanto custa fazer?

O detalhamento do **como fazer** é chamado de **procedimentos de manutenção**. Os procedimentos devem ser padronizados, possibilitando que todo Mantenedor execute essa tarefa sempre da mesma maneira, e que equipamentos similares recebam o mesmo tratamento.

Quando uma Ordem de Serviço (OS) é emitida pelo Planejamento e Controle da Manutenção (PCM), automaticamente, já vem anexo o procedimento de manutenção específico daquele serviço.

Eventual diferença no resultado final do trabalho poderá ser associada à habilidade técnica dos profissionais que realizaram tal tarefa. Daí a importância de um **Programa de Treinamento** para manter os profissionais da área atualizados e cada vez mais capazes de realizar suas tarefas com qualidade e agilidade.

Habilidade Técnica é a **velocidade** que um profissional tem na solução de problemas. Pela própria definição, podemos ver a importância que o treinamento gera na produtividade de uma empresa.

Continuando, vamos falar sobre os principais itens de um planejamento bem feito, capazes de garantir os resultados esperados pelas empresas, que se resumem em manter a disponibilidade dos equipamentos para gerar produção com segurança, qualidade e custo racionalizado, garantindo a preservação do meio ambiente.

Em qualquer processo, temos dois tipos básicos de manutenção:
A **Programada** e a **Não Programada**.

A **Manutenção Programada** é baseada no planejamento desenvolvido por meio das especificações e recomendações do fabricante, com contribuição do conhecimento técnico e da experiência do grupo de engenharia da unidade fabril.

O estabelecimento de uma programação de atividades de inspeção e de manutenção deve garantir a confiabilidade operacional dos equipamentos por um determinado intervalo de tempo levando-se em conta as necessidades do processo.

A **Manutenção Não Programada** é aquela que surge de maneira emergencial, por meio da quebra de um equipamento, em decorrência da falta de cumprimento de um ou mais dos cinco pilares da Quebra Zero.

Essa manutenção, com toda a certeza, tem um custo muito alto para as empresas, pois, além dos gastos com mão de obra e peças para a recuperação do equipamento em si, somam-se os prejuízos decorrentes de perda de produção e retrabalho e, nos piores casos, pode até afetar a imagem da companhia junto aos consumidores e à comunidade.

Uma vez compreendida a importância da Manutenção Programada, torna-se vital a implantação do plano de manutenção, bem como seu cumprimento.

Podemos afirmar que a **Manutenção** é um dos pilares de sustentação da Produtividade de um Processo.

Focando na Manutenção Programada, podemos dividi-la em quatro tipos distintos, que, uma vez aplicados sistematicamente, garantirão o rejuvenescimento dos equipamentos o que, por consequência, garantirá o terceiro pilar da Quebra Zero.

Vamos a eles:

1. Manutenção Preventiva;

2. Manutenção Corretiva Programada;
3. Manutenção Preditiva;
4. Manutenção de Melhoria.

A **Manutenção Preventiva** é baseada no plano de manutenção do equipamento cujas atividades foram extraídas do manual do fabricante e, como já falamos, com a contribuição e a experiência dos engenheiros da planta.

Cada atividade deve ser muito bem planejada, contendo, no mínimo, as seguintes informações: o Que fazer? Como fazer? Quando fazer? Qual o tempo estimado para a execução? Qual a qualificação da mão de obra a ser empregada? Qual o custo da atividade? Quais os cuidados necessários com relação à segurança e eventuais impactos ao meio ambiente?

A **Manutenção Corretiva Programada** é aquela gerada por meio das inspeções de rotas ou mesmo anomalias detectadas pela operação por meio das atividades de Manutenção Autônoma, de modo que permitam suas correções em um determinado intervalo de tempo sem gerar prejuízos para qualidade, segurança, meio ambiente e produtividade. Exemplos: vibrações, ruídos, aquecimentos, trincas, corrosões e desgastes prematuros detectados antes de gerar paradas no processo, permitindo, assim, uma programação de manutenção.

A **Manutenção Preditiva** é a gerada pelas inspeções realizadas por meio de aparelhos e instrumentos específicos manuseados por pessoal técnico especializado, de modo que permitam levantamento de dados e diagnósticos precisos do estado dos equipamentos, sem necessidade de grandes paradas, pois não se torna necessária a desmontagem total ou parcial das máquinas.

Por meio dos dados coletados nas inspeções periódicas, forma-se um histórico do equipamento, permitindo a avaliação da curva de desgaste dos elementos de máquinas. Essa análise indicará uma eventual necessidade de substituição de componentes para a recuperação do equipamento evitando paradas futuras do processo.

Os ferramentais existentes para inspeções preditivas são de tecnologia avançada e proporcionam, de maneira rápida, resultados altamente confiáveis.

Comparando os custos gerados pela manutenção preventiva, que envolve, por vezes, a troca de peças antes do vencimento da vida útil e mais o tempo de parada de processo para abertura e fechamento de máquinas, as inspeções preditivas são altamente recomendáveis.

Exemplos de inspeções preditivas: análises de óleo - físico/química e ferrografia; análise de vibração; termografia em painéis elétricos e redes de baixa, média e alta tensão; endoscopias; ultrassom, etc.

A **Manutenção de Melhoria** é aquela gerada comumente pelas Análises de Falha que são elaboradas pelos Operadores, com o aval do corpo técnico da unidade fabril. Após a quebra de um equipamento, a equipe responsável pelo processo elabora a Análise de Falha (AF), que, obrigatoriamente, deve desencadear ações de bloqueio das causas que geraram a anomalia.

Algumas vezes, essas ações são resultados de muita análise e consultas com especialistas ou mesmo fabricantes de equipamentos. E, uma vez aprovadas tecnicamente, deverão ser **planejadas** e **programadas** para alterações de projetos, visando buscar o aumento de confiabilidade.

Análise de Falha (AF)

Falando um pouco mais sobre Análise de Falha (AF), esta é uma ferramenta muito importante para a produtividade das empresas, mas que, muitas vezes, não é devidamente valorizada ou, até mesmo, aplicada.

Resumindo, três são os objetivos da AF:

1. Identificar e bloquear as causas, evitando reincidências;
2. Aprendizado para os times de Operação e Manutenção;
3. Replicar a solução encontrada para os demais equipamentos similares da empresa.

Sempre que falava com meus colegas de trabalho, gerentes das áreas de processo e embalagens, sobre a necessidade de sistematizar a implementação da **Análise de Falha**, eles ficavam empolgados no primeiro instante e achavam que realmente era a solução para os problemas de suas respectivas áreas.

Mas, infelizmente, o que se via no dia a dia é que as AF não eram realizadas sistematicamente. Uma ou outra análise era feita e validada pela supervisão, mas essa ferramenta não era valorizada de modo a buscar a sistematização.

Com o passar dos dias, cada vez mais a ferramenta era deixada de lado, chegando a cair no esquecimento.

Quando questionava os gerentes, muitas vezes eu recebia como resposta que a falta de tempo era o fator impeditivo para a implantação sistemática da metodologia. A alegação era de que as ocorrências eram muitas e não havia tempo suficiente para elaboração de todas as AF.

Diziam ainda que, apesar de ser uma boa ferramenta, iria burocratizar a área de Manutenção e tomar tempo precioso de supervisores e técnicos no atendimento às áreas.

O argumento que eu sempre utilizava era de que, se os técnicos, tanto da Operação como da Manutenção, não tivessem tempo para analisar as ocorrências e buscar o bloqueio das causas fundamentais, eles teriam de achar tempo para continuar recuperando os equipamentos, num quebra-conserta, indefinidamente.

> **Como sabemos, quebras não ocorrem por acaso, existem sempre razões para que elas aconteçam.**

Como, geralmente, esses processos de falhas são cíclicos, a tendência é que voltem a ocorrer.

Nessas condições, os Mantenedores, obrigatoriamente, terão de ter tempo para recuperá-las; os supervisores, para dar explicações aos seus gerentes sobre perda de produtividade e os gerentes, por sua vez, terão que ter tempo para justificar para seus diretores sobre verba de manutenção e perdas de produção, situações nada confortáveis para cada um deles nessa corrente hierárquica.

O cenário piora muito, caso as ocorrências impactem em segurança e meio ambiente.

Se a liderança da empresa não impuser o conceito de que cada quebra corresponde a uma Análise de Falha e, consequentemente, a uma solução definitiva para o problema, acabará pagando diversas vezes pelas mesmas causas, gerando os prejuízos já mencionados.

Uma vez implantada de maneira sistemática a AF, aos poucos as ocorrências irão reduzir e o corpo técnico da empresa terá mais tempo para pensar em melhorias, criando assim um círculo virtuoso cuja tendência é a Quebra Zero.

Finalizando este capítulo do Planejamento da Manutenção, seguem a seguir 10 das principais vantagens geradas por um plano de manutenção implantado e, principalmente, bem executado:

1. Alta confiabilidade operacional dos equipamentos;
2. Racionalização de recursos: mão de obra e custo;
3. Aumento de produtividade com consequente redução de custos variáveis, tais como consumo de energia elétrica, energia térmica, água e insumos em geral;
4. Manutenção da qualidade dos produtos;
5. Formação de histórico dos equipamentos;
6. Redução do estresse entre as áreas da empresa, causado por perdas de produção e produtividade;
7. Geração do círculo virtuoso;
8. Prevenção de acidentes;
9. Prevenção de impactos ambientais;
10. Motivação dos Operadores e Mantenedores pela alta performance do processo.

4º MANDAMENTO

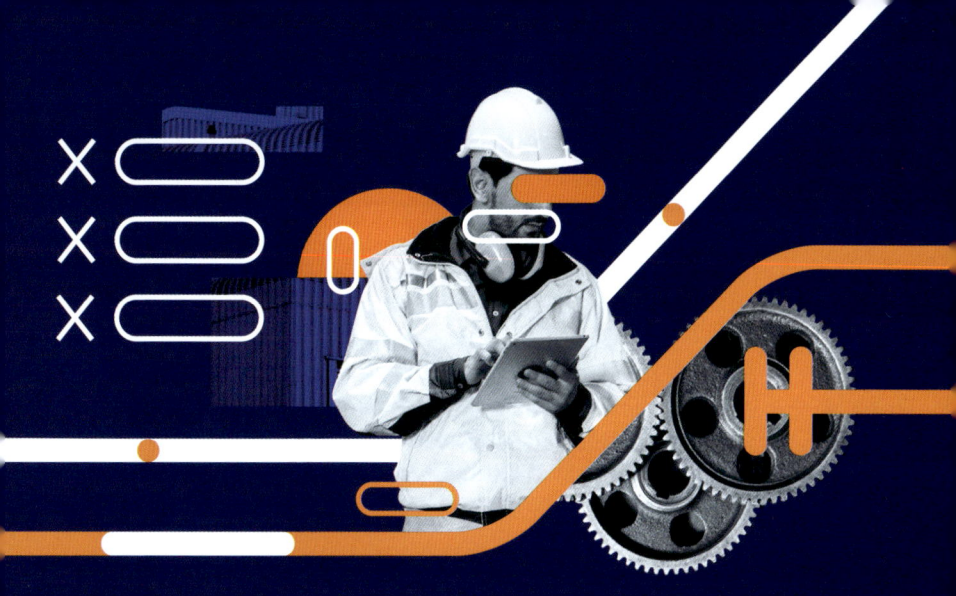

ELIMINAR OS DEFEITOS
DE PROJETO

"Defeitos de projeto não são eliminados com atividades de manutenção. Não aceite essas pendências como herança"

Defeitos de Projeto

Já vimos, nos capítulos anteriores, a importância do cumprimento das especificações de projeto na Operação e na Manutenção dos equipamentos, a inegociável aplicação da Manutenção Autônoma, atendendo às condições básicas para a conservação das máquinas e o cumprimento do plano da manutenção.

Antes de passarmos para o item Treinamento, vamos abordar o tema **Defeitos de Projeto** que, em muitos casos, "arrastam" perdas de produção por muito tempo, por serem negligenciados durante a elaboração do projeto ou na fase de implantação e de aceite técnico do(s) equipamento(s).

Mesmo se fossem cumpridos à risca os Mandamentos anteriores, ficaria uma lacuna importante: o ataque às **falhas de projeto** de equipamentos e suas interligações que compõem um processo.

Na realidade, o combate às falhas de projeto deve ser realizado na fase de elaboração, utilizando-se avaliações detalhadas de projetos anteriores.

Por experiência, podemos afirmar que, ainda assim, alguns projetos apresentam deficiências técnicas que devem ser levantadas e corrigidas nas fases de comissionamento e *start up*.

Os resultados obtidos das novas instalações ou dos novos equipamentos devem ser comparados às exigências contratuais sob as quais eles foram adquiridos.

Vejamos alguns exemplos que podem ser oriundos de falhas de projetos:

1. Não atendimento da capacidade produtiva;
2. Não atendimento das especificações de qualidade do produto;
3. Não atendimento dos custos operacionais, tais como: gastos com manutenção, consumo de energia elétrica e matéria-prima;
4. Não atendimento à eficiência eletromecânica;
5. Não atendimento às normas de segurança e ambientais.

Nesses casos, o fabricante dos equipamentos deve proceder correções necessárias, que garantirão a operação para os fins para que foram construídos: gerar produtos no volume certo, na qualidade certa, com custos operacionais pré-definidos em contrato e dentro dos padrões ambientais e de segurança.

Os fabricantes têm todo o interesse na solução de eventuais problemas, pois consideram-na uma oportunidade de melhoria e, assim, estarão procedendo a correção para futuros projetos.

Na realidade, quando um equipamento novo é entregue, tanto o fornecedor quanto o cliente já possuem padrões de aceite técnico definidos durante a contratação, evitando que pendências virem **heranças** para o cliente.

Há, também, casos mais simples que aparecem no decorrer dos anos e que, aí sim, devem ser tratados pela equipe de engenharia da unidade fabril, mesmo que seja necessária a busca de suporte técnico junto a empresas especializadas ou com os próprios fabricantes dos equipamentos.

Para ilustrar, vamos comentar três exemplos de correção de defeitos de projetos ocorridos no chão de fábrica:

1. PRENSA DESAGUADORA DE LODO

Esse é o caso de uma máquina instalada na Estação de Tratamento de Efluentes, que tinha a função de retirar grande parte da água contida no lodo gerado no processo de tratamento do efluente industrial.

Este equipamento apresentava queimas constantes dos motores elétricos, reguladores da tensão da esteira da prensa.

Os motores eram especiais e importados. O custo era elevado e o prazo de entrega muito extenso.

A paralização dessa máquina causava muito estresse em toda a equipe de Operação e de Manutenção.

Como o fabricante desse equipamento não estava mais ativo no mercado, foi colocado um desafio para a equipe de engenharia: a busca por uma alternativa técnica para a solução do problema.

Após alguns estudos, a equipe apresentou uma proposta que envolvia a instalação de um sistema pneumático em substituição aos tais motores elétricos.

Os testes foram realizados e a prensa funcionou perfeitamente. A partir daí, não houve mais nenhuma ocorrência de parada eletromecânica nesse sistema.

Ressaltamos esse detalhe, pois mostra, com muita propriedade, a importância do comprometimento de uma equipe com seu processo e, automaticamente, com sua empresa.

Isso ocorre quando trabalhamos com pessoas altamente capacitadas e motivadas, que têm prazer naquilo que fazem.

Precisamos acreditar no potencial das pessoas e ajudá-las a ajudar a companhia.

2
COMPRESSOR DE AR

Era véspera de Natal, quando recebemos a informação do supervisor de utilidades que um dos compressores de ar tinha parado, pois o resfriador de óleo tinha furado.

Como todo final de ano, a produção estava em pleno funcionamento, sem margem nenhuma para paradas. Como não havia compressor em *stand-by*, a solução foi contar com a agilidade e a competência do fabricante do equipamento, que, uma vez acionado, não mediu esforços e buscou uma solução que permitisse mantê-lo operando.

De fato, poucas horas depois do contato, a assistência técnica já estava dentro da fábrica com outro resfriador de óleo adaptado, mantendo o compressor em operação de maneira provisória, mas sem nenhum risco de parada do equipamento e do processo.

Elaborada a Análise de Falha (AF), chegamos à conclusão de que o resfriador furou por corrosão. Tratava-se de um casco e tubo em aço carbono e feixe em cobre. Como o tratamento de água de arrefecimento da temperatura do óleo era de difícil controle, o resfriador operava com a qualidade da água inadequada. Isso provocou a corrosão dos tubos de cobre, desencadeando a parada da máquina.

Foi reavaliado e alterado o tratamento da água da torre, mas o estudo mostrou que só essa medida não resolveria por completo o problema. Então, a resposta foi buscada junto ao fabricante, que nos forneceu uma solução definitiva:

> Instalação de um resfriador de óleo a placas totalmente em aço inox.

Com isso, dois grandes problemas foram resolvidos:

1. Eliminação da possibilidade de corrosão, pois o novo resfriador era construído em aço inox e resistente às condições da água de arrefecimento;
2. Manutenção zero, ou seja, com exceção das limpezas periódicas, esse novo equipamento não exigia nenhum tipo de atividade de manutenção para continuar operando sem risco de falhas.

E de fato, decorridos mais de dez anos de operação desse equipamento, não houve mais nenhuma ocorrência similar e os novos compressores de ar fornecidos pelo fabricante passaram a ser oferecidos com esse tipo de resfriador de óleo.

3 VÁLVULA DE VAPOR

Certa vez, houve um acidente muito grave em uma indústria vizinha à empresa onde eu trabalhava, com sérios danos pessoais e materiais.

A informação recebida era de que um Operador, ao tentar abrir uma das válvulas do distribuidor de vapor, acabou sendo atingido quando ela se rompeu.

Ao ficarmos sabendo do caso, procuramos detalhes sobre o acidente. Esperamos passar uma semana do fato, fizemos contato com o gerente de manutenção daquela empresa e solicitamos uma visita.

Justificamos que o nosso objetivo era conhecer detalhes da ocorrência e a causa do acidente, para que pudéssemos encontrar soluções definitivas que nos dessem segurança, pois os processos eram absolutamente idênticos.

Resumindo, fomos muito bem recebidos pelo colega. Ele nos passou todas as informações que já tinha conseguido, bem como a causa que levou ao acidente.

De volta à empresa, reunimos toda a equipe, contamos todos os detalhes do ocorrido, e principalmente, a causa da ocorrência, identificada como **especificação errada da válvula de vapor.**

A válvula em referência era construída em ferro fundido e a especificação correta seria aço fundido. Portanto, por norma, não era apropriada para trabalhar com vapor na pressão que o processo necessitava.

O próximo passo, então, foi checar, na casa de caldeiras e nas redes de distribuição de vapor, todas as válvulas instaladas. Para nossa surpresa, tínhamos oito válvulas de vapor em ferro fundido, idênticas à do acidente, instaladas na nossa unidade.

De imediato, fizemos pedidos de válvulas que atendiam às especificações técnicas e procedemos a substituição.

Em seguida, enviamos um relatório técnico para nossa diretoria comunicando o fato. Esta, em caráter de urgência, solicitou que fosse realizada uma inspeção nas instalações de vapor de todas as demais plantas do grupo.

Após o trabalho realizado, foram encontradas mais de 40 válvulas semelhantes instaladas na companhia.

Para fechar este processo, foram elaboradas pela área de engenharia da empresa, revisão e atualização das especificações técnicas para casos de aquisição de novos equipamentos.

> Aprender com nossos erros é obrigação. Aprender com os erros de outros é oportunidade imperdível

A **eliminação** dos defeitos de projeto é um dos caminhos. Os resultados podem ser percebidos em aumento de eficiência e qualidade, redução de custos e principalmente em segurança, com a preservação da integridade física de nossos colegas e do meio ambiente.

É vital termos como filosofia de trabalho a busca por soluções que nos levem à Quebra Zero.

5º MANDAMENTO:

MANTER TREINADOS OPERADORES E MANTENEDORES

"Capacidade técnica garante a identificação, diagnóstico e solução de anomalias dos equipamentos"

Capacitação

TREINAMENTO

Quando precisamos fazer manutenção em nosso carro, procuramos sempre a concessionária ou, então, uma oficina reconhecida pelos clientes como sendo de alta confiança e credibilidade pela qualidade dos serviços prestados.

Qualidade, nesse caso, é composta por fatores indispensáveis para a satisfação dos clientes, tais como:

Qualidade Intrínseca: é a qualidade técnica da mão de obra e das peças empregadas na manutenção dos veículos;

Custo: considerado justo pelo serviço prestado;

Atendimento: sempre recebendo e tratando os clientes com cordialidade e entregando os veículos devidamente revisados e limpos, dentro do prazo acordado com seus clientes;

Segurança: nos serviços executados durante a manutenção dos veículos bem como atenção total em substituições e reparos de peças, para garantir aos clientes segurança nas estradas.

Como vimos, a credibilidade adquirida pelas oficinas junto aos seus clientes não ocorre de graça, mas, invariavelmente, passa pelos fatores que compõem a qualidade. Dentre eles, a mão de obra oferecida aos clientes tem um destaque especial.

Oficinas especializadas ou concessionárias têm nossa preferência porque esse prestador de serviço tem uma equipe de mecânicos altamente treinados, sendo, portanto, verdadeiros especialistas naquela marca e modelo de carro.

No caso de concessionárias, os mecânicos recebem treinamentos sempre que novos modelos são lançados pelos fabricantes. É a atualização do conhecimento por meio da reciclagem.

São os treinamentos que garantem a performance do serviço prestado e essa, por sua vez, garante a confiança da empresa frente a seus clientes.

Vamos agora traçar um paralelo e analisar sob o aspecto da saúde.

Quando precisamos de um médico para um determinado diagnóstico ou tratamento, seja para nós mesmos ou para um de nossos familiares, o que fazemos?

Certamente procuramos um médico especialista, conceituado, de boa formação e com anos de experiência.

Na realidade, o que queremos é um profissional que possa nos garantir a solução do nosso problema, sem colocar em risco nossa saúde ou a de familiares. Por isso, precisamos do **melhor profissional**.

Melhor profissional quer dizer aquele que sabe traduzir em bons resultados tudo aquilo que aprendeu através de longos anos de **treinamento** na escola e em hospitais.

Voltando agora para o cenário das empresas, mais especificamente no chão de fábrica, onde as coisas ocorrem de maneira similar.

Quando temos uma máquina importante parada por um motivo qualquer, a operação solicita sempre a presença do mecânico ou eletricista mais experiente do turno, de modo a agilizar o tempo de reparo do equipamento, para colocá-lo novamente em operação.

Isso quer dizer que os Mantenedores mais experientes teriam, em tese, maior conhecimento técnico.

O que acontece é que com o decorrer dos anos, esses profissionais receberam uma carga maior de treinamento e também aprenderam muito com os próprios erros e acertos.

Falando um pouco sobre isso, já me questionei várias vezes: quanto custa para uma empresa o aprendizado pelos próprios erros?

O que queremos dizer é que, em todas as unidades fabris, sempre temos casos em que tanto mecânicos como eletricistas e Operadores incorrem na realização de serviços com baixa qualidade. Isso ocasiona paradas em equipamentos importantes do processo, acarretando indisponibilidade de produção e gerando prejuízos diretos para a empresa, além, é claro, dos custos com peças de reposição e mão de obra para a restauração do equipamento.

Quantas vezes já ouvimos falar que um defeito foi colocado na máquina durante uma revisão?

Isso realmente acontece, ou seja: o equipamento operava bem, foi feita uma parada programada para manutenção preventiva e, quando voltou a operar, a máquina não teve a mesma performance que tinha antes.

Esse exemplo caracteriza uma falha de manutenção onde a mão de obra não estava devidamente qualificada para a execução daquela tarefa.

Aprender somente com a prática do dia a dia, sem um programa de treinamento, é muito arriscado, pois os custos certamente são muito maiores que o investimento em treinamento bem planejado, em que são levantadas carências individuais e direcionados recursos para manter uma equipe devidamente capacitada.

Não são raros os casos em que Operadores e Mantenedores recém-admitidos na empresa aprendem no dia a dia com os colegas de trabalho mais experientes, sem nenhum tipo de planejamento.

Uma prática terrível que pode ocorrer numa empresa é quando a supervisão recebe um novo funcionário e, simplesmente, o repassa a outro colega de função, seja Operador ou Mantenedor, para que esse se responsabilize pelo ensinamento por meio da prática adquirida no decorrer dos anos. Incluem-se aí todos os acertos, erros e vícios adquiridos.

O caminho mais curto para o sucesso das áreas de Manutenção e Operação é a **formação de mão de obra – CAPACITAÇÃO.**

respectivas funções na máquina e saber aplicar o torque preciso para a fixação de peças.

Essas matrizes de treinamento ou de qualificação exibiam o histórico de cada colaborador: Operadores ou Mantenedores. Funcionários com muito tempo de casa tinham um vasto currículo, pois já haviam agregado muito conhecimento.

A perda de funcionários era muito rara no Japão, mas num simples "passar de olhos" naquelas matrizes, podíamos imaginar o quanto uma empresa perdia com a saída de colaboradores.

Sabemos que, em uma parte significativa das empresas brasileiras, o *turnover*[1] é alto. Então, quando um dos funcionários se desliga, seja qual for o motivo, ele leva consigo toda a **bagagem técnica** adquirida durante anos, para seu novo emprego. Tanto pior se esse funcionário for prestar seus serviços em uma concorrente.

Quanto conhecimento técnico está sendo transferido de um momento para o outro? Isso deve ser avaliado como perda importante de conhecimento e gerar contramedidas para evitar que mais casos dessa natureza ocorram.

Quanto tempo leva para que o novo funcionário adquira a experiência e o conhecimento daquele que saiu? Qual é o investimento necessário para que o novo colaborador atinja o estágio do funcionário substituído?

Essa conta, obrigatoriamente, deve ser discutida pela liderança da empresa. O conhecimento adquirido por meio dos treinamentos, aliado à experiência do dia a dia, garante à empresa trabalhos de qualidade.

A frase "Os funcionários são o maior patrimônio da empresa" deve ser levada a sério e, mais do que tudo, deve ser premissa das empresas que buscam alta produtividade.

---

1. *Turnover* é a rotatividade de funcionários.

MATRIZ DE CAPACITAÇÃO
MANUTENÇÃO AUTÔNOMA / PROCESSO EMBALAGENS - LINHA A

TREINAMENTOS	LIMPEZA, LUBRIF. E REAPERTO (LLR)		SISTEMA FIXAÇÃO E TORQUES		SISTEMA DE TRANSMISSÃO		UNIDADES PRESSÃO E TEMP.		CONTROLES VISUAIS		INSTRUMENTAÇÃO		SISTEMA HIDRÁULICO		SISTEMA PNEUMÁTICO		ANÁLISE DE FALHAS 5 PORQUÊS		ELÉTRICA BÁSICA	
OPERADORES	Teórico	Prático	Teórico	Prático	Teórico	Prático	Teórico	Prático	Teórico	Prático	Teórico	Prático	Teórico	Prático	Teórico	Prático	Teórico	Prático	Teórico	Prático
Antonio Carlos	B	O	O	O	R	O	B	O	O	O	R	B	O	O	P	P	P	P	P	P
Antonio José	O	O	O	O	B	B	B	R	B	B	B	O	P	P	P	P	P	P	P	P
Carlos Augusto	O	O	O	B	B	O	B	O	O	O	B	B	P	P	P	P	P	P	P	P
Francisco Carlos	B	B	B	B	R	B	B	R	B	B	P	P	P	P	P	P	P	P	P	P
Hermínio Silva	O	O	O	O	O	O	O	O	O	O	O	O	P	P	P	P	P	P	P	P
João Luis	O	B	B	B	O	B	O	O	B	B	P	O	B	O	P	P	P	P	P	P
José Carlos	O	O	O	O	O	O	O	O	O	O	P	O	O	O	P	P	P	P	P	P
Luis Antonio	O	O	B	B	B	B	O	O	B	O	B	O	P	P	P	P	P	P	P	P
Luis Felipe	O	B	O	O	O	O	B	B	O	O	B	B	B	B	P	P	P	P	P	P
Marco Antônio	B	B	O	B	O	O	B	O	O	O	R	B	P	P	P	P	P	P	P	P
Marcos Paulo	B	O	P	P	P	P	P	P	P	P	B	B	B	B	P	P	P	P	P	P
Pedro Jorge	O	O	O	O	B	B	B	B	O	O	B	B	P	P	P	P	P	P	P	P
Ricardo Moises	O	B	O	O	O	O	B	B	O	B	B	P	B	P	P	P	P	P	P	P
Silvio Luis	B	O	O	O	B	B	B	B	B	O	R	B	B	O	B	O	B	B	P	P

APROVEITAMENTOS:
O=ÓTIMO   B=BOM   R=REGULAR   P=PROGRAMAR

O *turnover* elevado é o maior vilão que age contra a implantação de qualquer programa que busque a excelência fabril, pois todos eles são baseados no comprometimento sustentado pela motivação dos colaboradores.

As empresas não podem agir como filtros de profissionais, que recrutam um grupo de colaboradores, treinam, motivam, agregam valores e, em pouco tempo, perdem os melhores para o mercado, ficando com aqueles de menor potencial de desenvolvimento e, algumas vezes com os que pouco, ou quase nada, agregam para a companhia.

> **Colaborador ruim só é interessante se ele for trabalhar no concorrente**

Já treinei muitos profissionais nesses longos anos de carreira, mas um caso hilário ocorreu numa fase difícil pela qual atravessávamos, perdendo um número elevado de técnicos para o concorrente.

Estava realmente difícil manter os profissionais na empresa e dentro deste cenário sério, não faltava bom humor quando falávamos com o nosso gerente da área de Recursos Humanos. Uma vez dissemos que *tínhamos recebido uma solicitação do concorrente* que era para incluirmos mais alguns treinamentos em nossa programação de formação de profissionais.

Vivenciar um *turnover* elevado é altamente frustrante para a liderança e deve ter suas causas avaliadas e combatidas, por meio de um plano de ação alinhado com a direção da empresa.

Por outro lado, ninguém tem o **direito** de manter em sua estrutura colaboradores que pouco contribuem com o processo. Esses profissionais não podem continuar ocupando o lugar de outros que certamente produziriam muito mais. O líder deve estar atento e manter sua equipe altamente qualificada e motivada.

Segue texto sobre *turnover*, com o objetivo de demonstrar, de forma didática, essa anomalia que tanto prejudica a **saúde** das empresas.

TURNOVER

As coisas estavam indo muito bem na empresa até que, certo dia, o diretor reuniu os gerentes de Manutenção e de Processo e solicitou a eles que elaborassem uma lista de dispensa de funcionários com mais de 10 anos de casa.

- Bem, meu assistente, ao invés de operar seu estômago, extraiu um de seus rins. Mas, assim que você se recuperar completamente, meu colega, um excelente urologista, vai lhe operar, pois eu estarei em um simpósio. Mas não se preocupe, pois eu já passei todas as informações necessárias sobre o seu caso.

E o diretor, com suas poucas forças que sobraram, gritou:

- NÃO... NÃO... NÃO...! e tentou se levantar da "cama".

Foi quando seu copo de uísque, já sem gelo, caiu de sua mão e ele acordou assustado, sentado na sua confortável poltrona na sala de estar.

No dia seguinte, os gerentes, logo de manhã, apresentaram a lista ao diretor, como se estivessem levando uma boiada ao matadouro.

- O que é isso? questionou o diretor, em alto e bom tom.

- É a lista daqueles que serão substituídos, responderam os gerentes. Nosso *turnover* ficará em 25% e teremos que investir rapidamente em treinamentos.

Foi quando o diretor retrucou:

- De que substituição vocês estão falando? Vocês devem ter interpretado alguma coisa errada. Alguém está ficando maluco nesta empresa!

Os gerentes saíram da sala sem entender nada, entretanto felizes por manter uma equipe treinada, motivada e altamente produtiva para a companhia.

MOTIVAÇÃO

"Enquanto a capacidade de um profissional é a habilidade na realização das tarefas, a motivação é a vontade de realização"

1   m = MOTIVAÇÃO

Neste capítulo, não temos intenção nenhuma de explicar cientificamente o que é Motivação.

Nosso objetivo principal é mostrar a importância da Motivação nas equipes de Manutenção e de Produção e sua implicação direta nos resultados de uma empresa, por meio de experiências vividas no chão de fábrica.

Meu primeiro estágio se deu em uma fábrica de equipamentos agrícolas, quando eu estava cursando o 4º ano de engenharia mecânica.

Posso dizer que tive muita sorte, não só pela aprendizagem técnica, mas, principalmente, pela capacidade de relacionamento do meu gerente junto aos funcionários.

Ele era de origem grega, tinha aproximadamente 58 anos de idade. De maneira simples, inspirava muito respeito e liderança.

Minha primeira atribuição foi fazer tomadas de tempo de atividades relacionadas à construção e à montagem de implementos agrícolas.

Esse meu trabalho serviria como material importante para um programa de otimização de produção e padronização de atividades.

A primeira orientação que o gerente me passou foi a de respeitar sempre os Operadores, em qualquer circunstância. Alertou-me que eventualmente eu poderia encontrar alguma dificuldade, pois apesar dos esclarecimentos iniciais que faríamos aos funcionários antes das tomadas de tempo, alguns poderiam se sentir fiscalizados ou pressionados e, de certa maneira, ameaçados.

Sempre cumprindo as orientações do **chefe**, felizmente consegui desenvolver meu trabalho de maneira natural, sem ter ocorrido nenhum problema de ordem pessoal com os Operários.

Mas o que realmente me marcou muito foi um fato contado pelo gerente, ocorrido com ele naquela mesma fábrica.

Durante uma rota, ele, andando pelos corredores entre as diferentes seções de montagem, encontrou um rapaz encostado na pequena divisória de 80 cm de altura, conversando com uma garota que estava do lado de dentro da seção, trabalhando na montagem de bombas agrícolas.

Após uns 15 minutos, quando o gerente voltava, o rapaz ainda estava no local, batendo papo com a mesma jovem que, apesar de tudo, não tinha parado de fazer suas tarefas de montagem das pulverizadoras.

Foi então que o gerente, respeitosamente, pediu licença e chamou o jovem de lado e lhe disse:

"Já faz algum tempo que você está fora de sua seção, conversando com essa moça. Além de você não estar cumprindo com seu dever, está atrapalhando o serviço dela. Vamos fazer o seguinte, volte lá, despeça-se da garota e volte para sua seção. Provavelmente seu encarregado vai querer saber por onde você andou, além de lhe cobrar a recuperação da produção perdida".

Enquanto escutava a narração do fato, eu imaginava o que aquele jovem iria ouvir do gerente na frente da moça. Apesar de estar totalmente errado, seria muito constrangedor para ele.

Mas, a sábia atitude adotada, além de driblar com classe aquela situação, me trouxe um grande ensinamento: a importância do respeito ao próximo.

Tenho certeza de que aquele jovem também aprendeu uma grande lição.

Como dizemos no chão de fábrica: "*levou uma catracada e ainda ficou devendo favor ao chefe.*"

Muitas vezes eu utilizei esse exemplo na minha vida profissional. Situações semelhantes a essa não faltam em ambientes de trabalho ou até mesmo familiares.

Equipes de Manutenção e Operação motivadas e tecnicamente capazes apresentam altíssimo rendimento. Somente a capacitação técnica não é suficiente para que equipes de trabalho produzam tudo aquilo de que são capazes, ou seja, não conseguem transformar toda a sua habilidade em prol da produtividade para a empresa.

Dentre os vários caminhos para a busca da motivação, considero o **respeito** ao ser humano fundamental. É o alicerce para todos os demais programas motivacionais que possam ser criados dentro de uma empresa. Práticas como **interesse genuíno** pelas pessoas, **reconhecimento** e **treinamento** devem ser utilizadas como agentes motivadores. Vamos ver a seguir cada um desses itens com um pouco mais de detalhes:

RESPEITO

aos funcionários, independentemente da posição hierárquica que ocupem. Tudo o que fizermos não terá efeito algum, caso não exista **respeito** entre as pessoas. Muitos colaboradores deixam a companhia, não por problemas com a empresa em si, mas com a liderança.

Eu tive oportunidade de realizar vários treinamentos para nível operacional e vivenciei depoimentos de Operadores e Mantenedores sobre o comportamento dispensado pelos seus supervisores no dia a dia. Lembro muito bem que, em um dos treinamentos, eu estimulava os treinandos a apresentarem novas ideias que pudessem trazer melhorias à elaboração das tarefas e um dos Operadores me surpreendeu, citando uma passagem que tinha ocorrido com ele:

"Eu fui falar com meu supervisor, porque tinha pensado numa melhoria para aumentar a segurança em uma das máquinas do processo, e ele me respondeu dizendo que eu era pago para operar e não para pensar".

É desnecessário dizer que a liderança exerce uma influência enorme no rendimento dos colaboradores. Por isso, um trabalho focado no comportamento para a formação de verdadeiros **líderes** é indispensável na busca pela excelência.

Adotando como conceito que a função do Operador **não** é só de cumprir padrões, podemos e devemos capacitá-los e motivá-los para que apresentem melhorias em seu processo.

> **Nunca esqueça: o RESPEITO é o ingresso para participar do jogo**

INTERESSE GENUÍNO

pelas pessoas, que nada mais é que a atenção dispensada aos colaboradores no dia a dia. É nos colocarmos no lugar do outro.

Vamos a um pequeno exemplo de como demonstrar interesse pelos subordinados:

Se um Operador está com um problema de saúde na família, com certeza isso terá reflexo no trabalho. Essa é uma hora oportuna para que o líder se aproxime do liderado perguntando o que está ocorrendo e se ele está necessitando de algum tipo de ajuda.

O líder pode e deve buscar orientações junto ao departamento de Recursos Humanos/Gente, de modo que possa fazer uso dos benefícios que a empresa oferece, minimizando a preocupação e o desconforto do Operador.

> **A atenção dispensada pelo líder numa hora difícil que o liderado está vivenciando, demonstra interesse verdadeiro pelo seu time**

Fica a certeza, de que o sentimento de gratidão será demonstrado no dia a dia pelo colaborador.

Outro bom exemplo é aquele em que o gerente, ou supervisor, ouve com atenção uma manifestação do seu subordinado querendo, com orgulho, mostrar uma sugestão de melhoria.

Essa é outra oportunidade imperdível por pelo menos dois aspectos:

- O primeiro: quando um colaborador aborda o líder para expor sua ideia, é porque ele já pensou muito nela e na "cabeça dele" existe a certeza de que aquilo pode dar certo e que trará bons resultados para a empresa.

Cabe à área técnica avaliar eventuais decorrências dessas sugestões e, obviamente, levantar a aplicabilidade, o custo e o benefício.

Independentemente da definição da empresa sobre a sugestão, aprovando-a ou não, é imperativo que essa decisão seja formalmente apresentada ao colaborador, com as devidas justificativas.

- O segundo aspecto é promover a autoestima no colaborador pelo simples fato de o líder dispor de seu tempo para ouvi-lo. Isso, por si só, despertará no colaborador o sentimento de valorização perante a equipe e a empresa.

RECONHECIMENTO

deve ser feito pelo líder, diretamente ao seu colaborador, sempre que houver uma situação merecedora.

Uma maneira interessante de se fazer um reconhecimento é promover um evento simples, em que o funcionário possa apresentar aos colegas de trabalho seus resultados, sugestões de melhoria, ou a busca de um desafio com os respectivos resultados e a importância deles para o processo e para a empresa.

O líder, por sua vez, tem a oportunidade de enaltecer as qualidades do colaborador, como sua dedicação, habilidades e metas alcançadas.

O tempo investido nesses eventos nos faz aproveitar essas oportunidades para mostrar um grande exemplo a ser seguido pelos demais membros da equipe.

O reconhecimento pode ser desde um elogio verbal individualmente ou preferencialmente em grupo, como já citado. Também deve ser formalizado por uma carta, ou um prêmio, como um livro, um treinamento, uma viagem com a família ou até mesmo uma bonificação financeira.

O importante é que, pela dedicação e pelos resultados apresentados, o colaborador sinta-se percebido pela liderança e pela empresa.

Como é sabido, quando fazemos um elogio em grupo, além de motivar o próprio funcionário, estimulamos todos os demais a apresentar suas ideias. É oportuno que as famílias sejam informadas, elogiadas e parabenizadas formalmente em reconhecimento pela sugestão e dedicação do funcionário.

Muitas empresas fazem questão de trazer familiares para conhecer o local de trabalho dos homenageados.

Uma das responsabilidades mais importantes da liderança é a divulgação das melhores práticas, mas, para isso é necessário que elas existam.

TREINAMENTO

é um dos caminhos mais curtos para motivar as pessoas. Além disso, estamos falando de uma prática que traz alto retorno para a empresa, pois mantém os funcionários atualizados.

Deve-se levantar as necessidades de cada indivíduo e promover treinamento na função, focando naquilo que realmente será aplicado no chão de fábrica.

O segredo é investir os recursos certos nas pessoas certas e não se esquecer de mensurar e avaliar periodicamente o retorno desses investimentos.

Já falamos que investir em treinamento em que não haja aplicação direta pelos Operadores ou Mantenedores é perda de tempo e de recurso.

Lembre-se de que, quanto maior a experiência e as habilidades adquiridas, maiores são a confiança e a motivação dos colaboradores para desempenhar suas funções.

A prática de **inspeção de rotas pelos gerentes** da empresa sempre é bem-vista pelo pessoal de chão de fábrica. Numa visita ao campo, podem-se atingir vários objetivos ao mesmo tempo.

Os gerentes devem incluir em sua rotina o cumprimento de rotas periódicas, no mínimo semanais, em que terão a grande oportunidade de chegar ao chão de fábrica.

Além de observar de perto alguns itens de controle de seu gerenciamento da rotina perceptíveis em uma simples visita, tais como "5S", segurança do trabalho, disponibilidade de máquinas e outros, o gerente terá a grande oportunidade de conversar com seus colaboradores "olho no olho" e sentir de perto aspectos técnicos e motivacionais.

Perguntas simples marcam positivamente os supervisores e principalmente os Operadores e Mantenedores, por exemplo:

"Como está a produtividade da sua máquina? O plano de manutenção está em dia? Qual a maior dificuldade que ocorre hoje na sua área? Vocês estão usando normalmente os EPIS (Equipamentos de Proteção Individuais)? No trabalho em grupo para redução de perdas, qual ação está sob sua responsabilidade e como andam os resultados? A supervisão está disponibilizando recursos para o atingimento da meta? Poderia mostrar-me a última melhoria que você fez? etc."

Acredite, vale a pena **"gastar a sola do sapato"**.

Entendemos que os programas motivacionais devam ser permanentes e avaliados constantemente quanto aos seus resultados, por meio de itens de controle, como: número de sugestões, índice de acidentes no trabalho, cumprimento das atividades de "5S" e de Manutenção Autônoma, assiduidade, absenteísmo, *turnover*, etc.

Fica claro no capítulo 3 – "Avaliação Conceitual de Processo Fabril", que somente o conhecimento técnico das equipes é insuficiente para o atingimento das metas de uma empresa.

Exemplificando: em um processo fabril, em que as equipes de Operação e de Manutenção são muito bem avaliadas, mas a motivação dos times é baixa, os resultados de produtividade não serão compatíveis com uma empresa de **excelência**.

Por toda a experiência vivida, posso afirmar que é altamente compensador investir na motivação das equipes para que os resultados surjam rapidamente e de maneira duradoura.

Se me questionassem sobre um exemplo em que fica evidente a **motivação** em um grupo de trabalho, de maneira que pudesse servir de espelho para as empresas, eu responderia prontamente: *As Escolas de Samba*.

Muitas delas envolvem mais de 3.000 pessoas e todas ali têm função bem definida, muita disciplina e sabem da importância do resultado do seu trabalho em relação ao objetivo principal da escola.

Os trabalhos são realizados com muita alegria. A motivação funde-se com a competência e com a arte.

Se o planejamento deve ter requintes de excelência, a execução nos barracões das escolas e, principalmente, na passarela, deve aproximar-se da perfeição.

O trabalho em grupo e o comprometimento de todos são fundamentais para a conquista do **sonho**.

Nós já sabemos o quão importante é o trabalho em equipe, porém isso infelizmente nem sempre ocorre. Os problemas são sentidos no objetivo principal das empresas, ou seja, na lucratividade, por meio da redução de produtividade, queda da qualidade dos produtos, retrabalho, impactos ambientais e de segurança, dentre outros aspectos.

Tento mostrar isso no texto a seguir, Cabo de Guerra, em que falo sobre três diferentes tipos de comportamentos encontrados no chão de fábrica e que minam o trabalho em grupo com consequente impacto no resultado das empresas.

Os verdadeiros líderes sabem muito bem identificar seus subordinados e colegas de trabalho que, motivados, dedicam-se com afinco a atingir suas metas. Pela minha experiência em campo, construí uma certeza:

> **Não existe comprometimento sem motivação**

CABO DE GUERRA

Em um Cabo de Guerra, conhecemos nossos adversários no lado oposto, fazendo todo o esforço possível para nos vencer. Como nesse jogo, infelizmente encontramos situações semelhantes no chão de fábrica.

Sempre existem, nas companhias, alguns "artistas" que são facilmente identificados, pois apresentam características, como resistência, sendo refratários às novas ideias. Pessimistas, têm sempre frases prontas na ponta da língua, como: "*isso não vai dar certo, isso sempre foi feito dessa maneira, por que mudar agora? etc.*"

Mas há também aqueles que, estando do nosso lado, "**seguram a corda**", mas não a puxam. Aparentemente estão do lado da empresa, mas não produzem nada, não dão sugestões, não solucionam problemas, não gostam de trabalhar em equipe. Quando são incluídos em grupos de trabalho, sempre se escondem e têm alergia a comprometimentos.

Tem ainda os "**mestres dos artistas**": podemos dizer que são os mais difíceis de ser identificados, pois, apesar de "segurarem a corda" e não a puxarem, ainda fazem careta, fingindo despender muito esforço em prol do time.

Nas empresas, são aqueles que, na frente do chefe, concordam com tudo. Dizem sempre que está tudo certo na sua área, sem, entretanto, apresentar resultados práticos, planos de ação, melhorias, etc.

Geralmente, são apelidados de *Mr. Gerúndio*, pois, quando são questionados, respondem prontamente: *estou vendo*; *estou fazendo*; *estou providenciando*; *estou buscando*. Eles, dificilmente dizem: *já fiz*; *já concluí*; *já está operando*; *já está pronto* e têm pavor de se comprometer com datas.

Perante os colegas de trabalho, vivem se posicionando discretamente contra a empresa e perturbando o ambiente de trabalho. Procuram nunca se destacar para não serem facilmente percebidos.

Trace você um paralelo com o jogo Cabo de Guerra e seu ambiente de trabalho. Eventualmente, sem muito esforço, você identificará alguns "artistas" na sua empresa.

Obviamente, a liderança não pode, de maneira alguma, aceitar situações que comprometam a produtividade da empresa.

É muito nobre formarmos e recuperarmos pessoas, mas há situações em que devemos adotar posição mais radical.

Se você tiver dúvida quanto à demissão de um colaborador, faça a si mesmo a seguinte pergunta: *se esse profissional estivesse sendo recrutado neste momento, você o admitiria para completar sua equipe?*

Ninguém faz tudo sozinho. **Os melhores resultados são obtidos por meio de estruturas mais eficientes e não pelas maiores estruturas.** E, nessa regra, ninguém tem o direito de carregar peso morto em sua equipe.

Para ilustrar o que dissemos, segue mais um texto: **O dono da granja**, que eu tive oportunidade de utilizar em diversos treinamentos.

O DONO DA GRANJA

Certa vez, o dono de uma pequena granja começou a perder dinheiro na sua atividade.

A cada dia que passava, mais prejuízo ele estava tendo, acenando para um futuro muito sombrio para o seu negócio.

Foi quando, em conversa de bar com um grande amigo a respeito do seu problema, ele recebeu um conselho:

- Eu conheço uma pessoa que entende tudo de granja. Se eu fosse você, solicitaria uma visita dele à sua instalação e, com certeza, ele faria uma avaliação e te indicaria a melhor solução para o caso.

O dono da granja juntou a pouca "grana" que lhe restava e resolveu investir no conselho do amigo. Contratou o tal especialista e aguardou ansioso sua chegada.

Quando o tal perito chegou, foi logo perguntando o que estava se passando.

- Há algum tempo, estou amargando prejuízos com minha granja. A produtividade vem caindo muito e eu não estou tendo produto para entregar e cumprir meus contratos com os clientes, disse o dono da granja.

- Ok! Daqui do escritório, nós não conseguiremos nada. Vamos direto para os galpões ver as suas galinhas, respondeu o perito.

E assim foi feito. O especialista sentou-se no ponto mais alto do primeiro galpão e ficou horas observando.

Repetiu o mesmo no segundo galpão, e assim sucessivamente.

Logo após ter observado o último galpão, reuniu-se com o dono da granja e disse-lhe:

- Já sei qual é o seu problema!.

- Mas como? Já descobriu? Então, qual é? Ótimo, você vai resolver?, retrucou o ansioso granjeiro.

- Vamos por partes, começou o perito. O grande problema é que há algumas galinhas aqui que estão comendo e não estão botando.

E continuou:

- Cabe a você, que é o dono da granja, identificá-las e substituí-las por outras que comam e botem. Somente assim você terá sucesso com a sua granja. Faça o que tem de ser feito o quanto antes.

Sem perder nem mais um minuto, o granjeiro seguiu à risca o conselho do *expert*. Subia todos os dias no ponto mais alto de cada galpão e ficava olhando suas galinhas. O tempo foi passando, a produtividade voltou a subir e as encomendas passaram a ser atendidas.

Hoje, o dono é um empresário de sucesso, com várias granjas no país.

Por tudo o que vimos, perguntamos: *Existe, então, alguma razão para que as empresas não mantenham suas equipes motivadas?*

> O líder não tem o dever de mudar um liderado, mas tem a missão de transformar um time

2 MELHORIA DE MÁQUINAS / CANTINHO DA MELHORIA

Optei por inserir este tópico de Melhoria de Máquinas no capítulo **Motivação**, pois no meu entendimento, somente equipes altamente motivadas podem se tornar fontes permanentes de sugestões, capazes de transformá-las em melhorias efetivas e gerar benefícios para o processo.

Essas melhorias quase sempre **nascem** no chão de fábrica, por meio dos Operadores e Mantenedores.

É dever da liderança das empresas estimular seus comandados para que eles possam se sentir livres para pensar e propor, sem receios, oportunidades relativas ao seu processo.

Uma das propostas do TPM é criar condições para que as equipes trabalhem combatendo as causas fundamentais de tudo o que possa gerar perdas dentro de um processo, buscando soluções preventivas, – não por espasmos, mas de maneira sistematizada, – como filosofia de trabalho.

Ainda citando meu treinamento no Japão, pude observar em uma das empresas que visitei, uma boa prática que muito me impressionou e que só é possível ser implantada quando falamos de equipes altamente comprometidas e com cultura voltada à reciprocidade:

> O que é bom para a empresa é bom para nós... O que é bom para nós é bom para a empresa

Trata-se do Cantinho da Melhoria.

Numa das áreas visitadas, existia uma bancada com uma série de melhorias desenvolvidas pelos Operadores. Com suporte técnico da engenharia, elas foram implementadas e já estavam gerando ganhos para a empresa.

Quando chegamos a um dos setores do processo, um dos Operadores foi chamado para que ele mesmo nos mostrasse e explicasse as melhorias desenvolvidas por ele e por seus colegas.

Percebi uma enorme satisfação por parte do Operador, em mostrar o trabalho da equipe, ressaltando os ganhos proporcionados pelos serviços desenvolvidos.

Uma melhoria deve ser reconhecida não somente pelo seu retorno financeiro, mas pelo simples fato de ter partido de maneira voluntária das equipes de chão de fábrica, pois isso é um forte sinal do quanto as pessoas estão comprometidas com seu processo e sua empresa.

Um dos mais importantes itens de controle utilizados para se medir o nível de motivação de uma equipe é o número de sugestões apresentadas pelos colaboradores.

Vejamos dois exemplos reais, vistos em uma das plantas visitadas no Japão:

1. Redução de tempo de *setup*;
2. Redução do consumo de tinta para a pintura de pequenos lotes.

1. REDUÇÃO DE TEMPO DE *SETUP*

Numa das linhas de produção de autopeças, quando havia necessidade de mudança de produtos, uma das tarefas mais pesadas era a substituição de moldes.

Como um dos moldes pesava aproximadamente 100 quilos, sua retirada da linha de produção era feita por várias pessoas com auxílio de cabos de aço engatados em olhais e puxados por um tipo de guincho.

Essa operação toda, considerando parada da máquina, retirada dos parafusos de fixação, retirada do molde, movimentação, posicionamento e ajuste na base do novo molde, durava em torno de duas horas.

Com um forte trabalho de equipe, as sugestões foram surgindo e o tempo de *setup* foi reduzindo.

A demonstração feita pela própria Operadora no dia da visita foi cronometrada e a substituição do molde ocorreu em apenas três minutos. Repetindo: apenas 180 segundos.

As melhorias introduzidas suprimiram: amarrações com cabos de aço, guincho, fixação por parafusos e, principalmente ajustes para o posicionamento dos moldes.

As adaptações contemplaram a instalação de mesa com esferas, onde os moldes eram movimentados apenas horizontalmente, de maneira muito fácil, sem necessidade de auxílio de suportes, cabos ou guinchos.

Os parafusos de fixação dos moldes foram substituídos por fechos de trava rápida.

O posicionamento dos moldes ocorria de forma automática, pelo simples arraste na mesa, pois eram guiados por gabaritos permanentes, não havendo possibilidade de fixação errada ou fora da posição, dispensando, assim, os ajustes.

Esse *case* realmente foi um dos mais fantásticos que tive a oportunidade de presenciar.

2. REDUÇÃO DO CONSUMO DE TINTA PARA A PINTURA DE PEQUENOS LOTES

Este segundo *case* de melhoria ocorreu na mesma empresa onde foi realizada a redução do tempo de *setup* para substituição de molde.

Neste caso, a melhoria foi sugerida e realizada pelo próprio Operador e teve como objetivo reduzir o custo do processo pelo qual ele era responsável.

O trabalho desenvolvido consistia na alteração do ferramental de pintura para a redução do residual de tinta que ficava nesses dispositivos, em função da baixa quantidade de peças por lote a serem pintadas.

O Operador nos mostrou o ferramental que utilizava antes da melhoria e os novos equipamentos que proporcionaram a redução no custo do processo.

Basicamente, ele alterou os seguintes itens:

- substituiu o revólver de pintura por outro, de maior eficiência e com reservatório de tinta adequado para a quantidade utilizada nos pequenos lotes, evitando, com isso, sobras de tinta;
- substituiu o recipiente de preparo de tinta por outro com fundo cônico, para diminuir o residual;

- substituiu as mangueiras por outras, de menor diâmetro, para reduzir o resíduo de tinta nelas;
- com o mesmo objetivo anterior, limitou o comprimento das mangueiras;
- alterou o procedimento de preparo, incluindo um saco plástico para forrar o recipiente, evitando a utilização de solventes para a limpeza no final de cada processo.

Isso resultou em economia de custo e de tempo.

Antes da melhoria, perdiam-se 850 gramas de tinta por dia. Após a realização da melhoria, o processo passou a computar uma perda de 160 gramas de tinta por dia.

Além da redução do custo, é importante ressaltar a redução de impactos ambientais que a melhoria elaborada pelo Operador proporcionou, evitando perda de tinta, utilização de solvente e minimizando descartes.

É importante notar que todas as melhorias são devidamente registradas, com dados de **antes** e **depois**. Elas são catalogadas, os padrões operacionais são atualizados e todos os colaboradores desse processo são retreinados.

Explorando um pouco mais o aspecto **melhorias** de **máquinas**, cito mais dois *cases* que foram implementados numa das empresas em que trabalhei:

1. Válvulas dos Compressores;
2. Substituição de selos mecânicos.

1. VÁLVULAS DOS COMPRESSORES

Em uma planta de beneficiamento de gás carbônico, havia três compressores do tipo alternativo, com capacidade de 1.000 kg/h cada um.

A cada 250 horas, mais ou menos, ocorriam problemas nas válvulas de sucção do 1º e do 2º estágios dessas máquinas.

As válvulas apresentavam quebras de molas e de discos, causando paradas da planta e, consequentemente, perda de produtividade.

Como o CO_2 é uma matéria-prima importante para o processo, qualquer perda era significativa e, invariavelmente, a decorrência dessas paradas impactava na compra do produto, gerando alto custo para a empresa.

As inspeções periódicas eram curtas. Semanalmente, eram abertas todas as válvulas para inspeção, limpeza, testes, reparos e até substituição. A troca de elementos danificados era frequente.

A atenção investida nessas manutenções era grande e ocupava muita mão de obra, pois a forma construtiva dessas válvulas assim exigia.

Elas eram compostas por várias molas e discos que trabalham sob condições severas. A montagem desses componentes exigia habilidade e era feita por mecânicos bem treinados, pois a possibilidade de erro na montagem era grande.

A vedação das válvulas tinha que ser perfeita, para que o compressor operasse dentro das condições de projeto. Na época, foi feita uma pesquisa em busca de uma válvula que tivesse vida útil maior. Foi encontrada uma que apresentou opção com engenharia muito diferente da que era utilizada.

Essa nova válvula era formada por dois discos metálicos e perfurados por onde passava o gás, por três molas e dois anéis de vedação de diâmetros diferentes, construídos com material altamente resistente a desgaste e temperatura.

O fabricante garantia uma vida útil do kit de reparos composto por molas e anéis de 8.000 horas trabalhadas.

Foram realizados testes de campo e essas válvulas foram aprovadas tecnicamente depois de responderem favoravelmente, cumprindo aquilo o que o fornecedor prometia.

Além da vida útil muito maior, outras vantagens consideradas na decisão de compra foram:

- a nova válvula era de manutenção muito simples, pois a substituição do kit era extremamente fácil, sem possibilidade de erro durante a montagem. Com isso, a inspeção, a limpeza e a eventual substituição de peças passaram a ser atividades da Manutenção Autônoma, ou seja, de responsabilidade dos próprios Operadores;

- ganhos na redução do Tempo Médio Entre Falhas (TMEF) e do Tempo Médio de Reparo (TMR);

- aumento da eficiência dos compressores em quilos de CO_2 por hora;

- redução do consumo de energia elétrica por tonelada de gás carbônico beneficiado - (kwh/ton. CO_2).

2. SUBSTITUIÇÃO DE SELOS MECÂNICOS

Nas indústrias de bebidas, mais particularmente em cervejarias, as bombas de transferência desempenham papel fundamental, não só pela movimentação do produto em si, mas também por realizarem esse trabalho tendo como premissa zero incorporação de oxigênio para garantir a qualidade do produto.

As bombas centrífugas são largamente utilizadas nesses processos. O volume de manutenção na planta era muito grande, por duas razões principais: fugas de produto e incorporação de oxigênio.

Diariamente, havia bombas nas bancadas para reparos ou substituição completa dos selos mecânicos.

Como a solução interna estava muito difícil, foi procurado apoio nos especialistas de mercado.

Foram contatadas empresas de fabricação e reparos de vedações e apresentado o problema com estatística de tempo de vida útil dos selos atuais, indicadores de incorporação de oxigênio, Tempo Médio entre Falhas, e Tempo Médio de Reparo.

A solução partiu dos fornecedores e não demorou. Foram apresentadas propostas de substituição das partes móveis dos selos por outras de materiais de maior resistência ao desgaste e de fácil substituição.

Foram realizados vários testes com selos de três fornecedores diferentes e aprovado aquele com melhor custo x benefício.

O preço de cada selo novo era mais caro em relação ao que estava sendo utilizado, porém a vida útil era muito maior, compensando várias vezes o custo da nova peça.

Mais uma vez, houve ganho em custo de manutenção, qualidade do produto e redução de paradas que, por vezes, impactavam o volume de produção, além de diminuir o estresse entre as equipes de Manutenção e de Processo.

O tempo que anteriormente era gasto na manutenção frequente das bombas passou a ser investido em melhorias, dando velocidade ao círculo virtuoso de busca da Quebra Zero.

Concluindo este capítulo, ressaltamos que essa melhoria foi registrada e exposta no **Cantinho da Melhoria**, copiado da experiência da fábrica de autopeças do Japão.

Foi montada uma bancada na oficina mecânica, onde passamos a expor as melhorias aprovadas e implementadas, juntamente com uma pasta onde arquivávamos os Relatórios de Melhoria (RM). Vide ao lado.

Realmente, era muito motivador quando as melhorias eram apresentadas pelos colaboradores. Muitas delas eram simples, com baixo custo de implementação, mas de muito retorno para a empresa, seja nos aspectos de produtividade, de segurança ou ambiental.

Em várias oportunidades, pudemos apreciar nossos Operadores apresentando aos visitantes, com muito orgulho, as melhorias desenvolvidas por eles próprios.

O trabalho para manter a equipe motivada é árduo, mas é uma tarefa indelegável do líder e posso assegurar que se trata de algo muito gratificante!

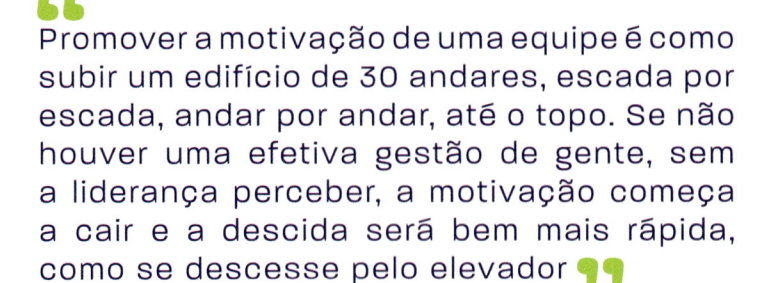

> **Promover a motivação de uma equipe é como subir um edifício de 30 andares, escada por escada, andar por andar, até o topo. Se não houver uma efetiva gestão de gente, sem a liderança perceber, a motivação começa a cair e a descida será bem mais rápida, como se descesse pelo elevador**

	RELATÓRIO DE MELHORIA R.M.	Número:
Unidade:		
Equipamento:		
Título:		
Área:		
Objetivo:		
Sistema Anterior:		
Sistema Atual:		
Custo da Melhoria:		
Ganhos Apurados:		
Parecer do Supervisor:		Parecer do Gerente:
Responsáveis pela Melhoria:		
Data:		

Figura 5. O verso do RM é dedicado a fotos do Antes e Depois.
Fonte: Elaborado pelo Autor.

AVALIAÇÃO CONCEITUAL DE PROCESSO FABRIL

ACP = Dm x Do x m

"Equipes de Operação e de Manutenção, juntas, são responsáveis pela conservação e manutenção das máquinas"

Avaliação Conceitual de um Processo fabril - ACP

Segundo a metodologia do TPM – Manutenção Produtiva Total, o desempenho de um processo fabril tem correlação direta com o desempenho das equipes de Manutenção e de Operação, como pode ser visto na fórmula:

$$Dp = Dm \times Do$$

Dp = Desempenho do Processo
Dm = Desempenho da equipe de Manutenção
Do = Desempenho da equipe de Operação

Para se atingir um índice elevado de desempenho de um processo, sabemos que a capacidade técnica operacional das equipes é muito importante, mas não podemos deixar de considerar o fator motivacional pela relevância no rendimento das equipes.

Apenas para dar a devida importância da motivação na produtividade dos colaboradores, retiramos o fator motivacional embutido no Dm e no Do e o destacamos como um parâmetro a mais "m" na fórmula, passando a escrevê-la da seguinte maneira:

$$Dp = Dm \times Do \times m$$

Dp = Desempenho do Processo
Dm = Desempenho da equipe de Manutenção
Do = Desempenho da equipe de Operação
m = Motivação das equipes das áreas de Manutenção e Operação

Com o objetivo de medir o status de processos fabris e como não existe um instrumento de medição de tal modo que pudéssemos plugar em uma tomada e fazer uma leitura direta, criamos um indicador de Avaliação Conceitual de Processo (ACP).

Como o nome diz, a "Avaliação Conceitual" é baseada em *checklist* gerado de maneira resumida e padronizada para cada um dos parâmetros: Dm, Do e m.

Escrevemos, então, a fórmula da Avaliação Conceitual de Processo:

ACP = Dm x Do x m

ACP = Avaliação Conceitual de Processo
Dm = Desempenho da equipe de Manutenção
Do = Desempenho da equipe de Operação
m = Motivação das equipes das áreas de Manutenção e de Operação

Seguindo nosso raciocínio, definimos a pontuação de cada um dos parâmetros – Dm, Do e m – para que fosse possível chegar à valorização da ACP, por meio de uma análise criteriosa.

Dessa maneira, o processo poderia ser melhor compreendido e os pontos fortes e as oportunidades de melhoria, conhecidos, facilitando a elaboração futura de um plano de ação na busca por um melhor desempenho.

A seguir, a pontuação adotada para os parâmetros:

Dm = 0 a 10
Dp = 0 a 10
m = 0 a 1

Para facilitar a pontuação dos parâmetros, além do *checklist* que será mostrado mais à frente, definimos os **conceitos** abaixo:

DESEMPENHO DA EQUIPE DE MANUTENÇÃO

é a capacidade técnica da equipe de Manutenção em manter os equipamentos nas condições de projeto, por meio do cumprimento dos padrões de engenharia de manutenção, do cumprimento do plano de manutenção e, principalmente, de apresentar velocidade na solução de problemas técnicos nos equipamentos.

DESEMPENHO DA EQUIPE DE OPERAÇÃO

é a capacidade técnica da equipe de Operação para elaborar e cumprir padrões operacionais, bem como realizar tarefas de conservação dos equipamentos de produção por meio da prática sistemática da Manutenção Autônoma extraindo a produtividade prevista dos equipamentos dentro das condições de projeto.

MOTIVAÇÃO DAS EQUIPES DE MANUTENÇÃO E OPERAÇÃO

Analisando equipes de trabalho, há três observações importantes:

1. A existência de algumas pessoas mais motivadas que outras;

2. A motivação está presente nas pessoas, porém como "efeito espasmos". O grande desafio das empresas e da liderança é estabelecer programas que mantenham as equipes o maior tempo possível motivadas, transformando o comportamento das pessoas em um forte aliado da empresa. Podemos observar que ao questionarmos uma pessoa quanto à sua motivação, geralmente recebemos como resposta: "eu **estou** motivado" ou "eu não **estou** motivado" e não "eu **sou** motivado" ou "eu não **sou** motivado".

3. Durante a avaliação de pessoas ou equipes, lembre-se sempre de que não há comprometimento se não houver motivação.

Para mensurar de forma mais prática e padronizada, os parâmetros Dm, Do e m, da fórmula de Avaliação Conceitual de Processo, defini apenas 10 itens impactantes em cada um deles, dentre os vários utilizados para o gerenciamento de processos.

Segue o *checklist* em forma de planilha, com os itens de avaliação e seus respectivos "pesos" em função da importância que cada um deles representa na avaliação.

CHECKLIST PARA AVALIAÇÃO CONCEITUAL DE PROCESSOS - ACP

	ITENS DE AVALIAÇÃO DE DESEMPENHO DA ÁREA DE MANUTENÇÃO	PESO	NOTA (0 A 10)	AVALIAÇÃO (PESO X NOTA)
1	A equipe de Manutenção está batendo as metas ligadas ao volume de produção, eficiência de máquina ou de processos?	0,15		
2	A equipe de Manutenção está batendo as metas de produtividade: consumos específicos de energia: elétrica, vapor, água,...?	0,15		
3	A equipe de Manutenção está batendo as metas ligadas a segurança do trabalho e de Meio Ambiente?	0,10		
4	É feito o Gerenciamento da Rotina pela liderança da área de Manutenção?	0,10		
5	A empresa tem um plano de manutenção preventivo e cumpre com qualidade e disciplina as atividades do plano?	0,15		

6	A equipe tem padrões de manutenção e está cumprindo com qualidade?	0,05		
7	A equipe de Manutenção é mantida atualizada por meio de treinamentos programados?	0,10		
8	A equipe de Manutenção tem "tempo médio de casa" igual ou superior a 5 anos?	0,05		
9	A equipe de Manutenção utiliza ferramentas de Análise de Falhas para evitar reincidências?	0,05		
10	O resultado da pesquisa de satisfação - *engagement* da área de Manutenção está alinhado com a meta?	0,10		
		1,00		
	Itens de avaliação de desempenho da área de Operação:			
1	A equipe de Operação está batendo as metas ligadas ao Volume de Produção?	0,15		
2	A equipe de Operação está batendo as metas ligadas a Qualidade de Produtos e perda de Matéria-Prima?	0,15		
3	A equipe de Operação está batendo as metas ligadas a Segurança do Trabalho e Meio Ambiente?	0,10		
4	A equipe de Operação está batendo as metas de produtividade: consumos específicos de energia: elétrica, vapor, água, etc.?	0,10		
5	É feito o Gerenciamento da Rotina pela liderança da área de Operação?	0,10		

6	Os Operadores operam bem seus equipamentos e cumprem sistematicamente os padrões de manutenção autônoma - conservação Limpeza, Lubrificação, Reapertos (LLR) e Inspeções de máquinas?	0,15		
7	A equipe de operação é mantida atualizada por meio de treinamentos programados?	0,05		
8	A equipe de operação tem "tempo médio de casa" igual ou superior a 5 anos?	0,05		
9	A equipe de operação utiliza ferramentas de Análise de Falhas para evitar reincidências?	0,05		
10	O resultado da pesquisa de satisfação - *engagement* da área de operação está alinhado com e meta?	0,10		
		1,00		

Itens de avaliação do fator Motivação:

1	O *turnover* e o absenteismo da unidade fabril estão alinhados com a meta da Companhia?	0,010		
2	Existe um Plano de Ação para a melhora do indicador de *turnover*? Há gestão do índice de absenteismo?	0,010		
3	O resultado da pesquisa de satisfação - *engagement* está alinhado com a meta da companhia? Existe um plano de ação para a melhora desse indicador?	0,010		
4	Existe um controle de Sugestões de Melhorias ou Boas Práticas geradas pelas áreas de Manutenção e Operação? Se sim, são valorizadas pela Companhia?	0,010		

5	As equipes de Operação e Manutenção trabalham em grupo para solução de problemas comuns? Ex: alcance de metas de produtividade, redução de perda de matéria-prima, melhoria da qualidade.	0,010		
6	As metas ligadas a Segurança do Trabalho estão sendo alcançadas?	0,010		
7	As esquipes de Operação e de Manutenção estão comprometidas com os programas Ambientais e de Segurança da Companhia?	0,005		
8	As máquinas e Operadores passam por auditorias de Manutenção Autônoma periodicamente?	0,015		
9	Existe interação entre as gerências de Manutenção, Operação, Qualidade, Meio Ambiente, Segurança e Recursos Humanos /Gente? Metas são compartilhadas?	0,010		
10	Os gerentes de Operação e de Manutenção tem inserido em suas rotinas, visitas ao chão de fábrica? Eles as praticam sistematicamente?	0,010		
		0,100		

Comento, a seguir, um pouco sobre cada um dos itens da planilha de *checklist*.

ITENS DE AVALIAÇÃO DE DESEMPENHO DA EQUIPE DE MANUTENÇÃO:

1. A equipe de Manutenção está batendo as metas ligadas ao volume de produção, eficiência de máquinas ou de processos?

A avaliação do item 1 deve levar em consideração se as metas ligadas ao volume de produção e cumprimento de eficiência de máquinas das

linhas de produção ou de processos produtivos estão sendo alcançadas. Em caso negativo, existe um plano de ação bem estruturado com *checks* mensais avaliados pelas gerências da planta? Percebe-se melhoria do item de controle, com tendência de busca da meta? Existem indisponibilidades de máquinas que estão impactando o volume de produção?

2. A equipe de Manutenção está batendo as metas de produtividade, como consumos específicos de energia elétrica, vapor, água, combustíveis etc.?

Avaliar se as metas de **produtividade**, como consumos específicos de energia elétrica, consumos de vapor, consumos de água e outros, que impactam mais fortemente no custo variável, estão sendo batidas. Se não estão sendo alcançadas, existe um plano de ação para busca dessas metas? Esse plano é gerenciado mensalmente? Percebe-se melhoria nos itens de controle, com tendência de alcance das metas?

3. A equipe de Manutenção está batendo as metas ligadas à segurança do trabalho e ao Meio Ambiente?

Avaliar se a equipe de Manutenção está batendo as metas de segurança e ambientais. Avaliar se a equipe está comprometida com os programas de segurança do trabalho e de meio ambiente, participando ativamente de treinamentos. Há tendência de melhoria nas metas desdobradas para a equipe? Há envolvimento da equipe em solução de problemas ligados às áreas de segurança e de meio ambiente?

4. É feito o Gerenciamento da Rotina pela liderança da área de Manutenção?

Este questionamento avalia se a equipe de Manutenção trabalha com o ciclo Planejando, Executando, Checando e Atuando (PDCA), em cima de eventuais falhas ou padronizando as atividades consideradas como sendo a melhor prática.

É importante que a equipe de Manutenção gerencie sistematicamente seu processo por meio de itens de controle, tais como: cumprimento do plano de manutenção, índice de retrabalho, eficiência eletromecânica de equipamentos, eficiência de linhas de produção, custo de manutenção, índice de planejamento, *backlog*[1], custos variáveis e outros.

Os resultados dos itens de controle, além de indicarem tendência das curvas ao longo do tempo e eventuais desvios, servem como referência para que a empresa estabeleça novos desafios para a equipe. Essa é a fonte da melhoria contínua. Quando o trabalho tem consistência, os impactos são percebidos no aumento da eficiência ou do rendimento próprio dos equipamentos, no aumento do Tempo Médio entre Falhas e na redução do Tempo Médio de Reparos.

5. A empresa tem um plano de manutenção preventivo e preditivo e cumpre com qualidade e disciplina as atividades deste plano?

Avaliar se existe um plano de manutenção bem estruturado que contempla manutenção preventiva e preditiva. As atividades do plano estão sendo cumpridas? O *backlog* está comprometendo a meta de eficiência eletromecânica? Percebe-se uma migração de atividades de preventiva para preditiva? Há reflexos na redução do Tempo Médio de Reparo (TMR) e aumento do Tempo Médio entre Falhas (TMEF)? Uma vez realizados os trabalhos de regeneração, os equipamentos voltam às condições originais de projeto?

6. A equipe tem padrões de manutenção e está cumprindo com qualidade?

Avaliar se existem padrões para execução de atividades de manutenção que

1. Carteira de trabalho a ser executada.

contam com procedimentos, tempo de realização da tarefa, itens de segurança e meio ambiente, ferramental adequado e eventualmente desenhos.

Os Mantenedores estão cumprindo esses padrões? Percebe-se melhoria no tempo de realização das tarefas sem comprometimento da segurança e do meio ambiente? O índice de retrabalho está compatível com a meta?

7. A equipe de Manutenção é mantida atualizada por meio de treinamentos programados?

Avaliar se existe um plano de formação de gente para a equipe de Manutenção. Este plano foi previamente discutido entre as gerências das áreas de Gente e de Manutenção e os temas definidos têm aplicação direta na atividade de cada treinando? O cronograma de treinamento está sendo cumprido? O aproveitamento dos treinandos está sendo gerenciado?

Treinamento é um dos melhores investimentos que uma empresa pode oferecer para obter resultados duradouros.

8. A equipe de Manutenção tem tempo médio de casa igual ou superior a cinco anos?

Na avaliação desse item, devem-se incluir todos os colaboradores da área: gerentes, planejamento e controle da manutenção (PCM), eletricistas, mecânicos, instrumentistas e eletrônicos. Uma boa prática é a avaliação por especialidade, além da média geral da área.

Este item número 8 é vital para a busca da alta eficiência dos equipamentos e está diretamente ligado ao *turnover* da companhia. Já tive a oportunidade de descrever muito sobre isso no capítulo de Treinamento. Não podemos ignorar que o homem da manutenção, com o passar do tempo, vai adquirindo capacitação e experiência por meio de treinamentos e da prática no chão de fábrica, com o surgimento no dia a dia de problemas técnicos e suas respectivas soluções. As empresas devem olhar com muito carinho para os bons profissionais, pois eles agregam muito para a companhia.

Quando falo de bons profissionais, quero dizer profissionais completos. Aqueles que além da capacidade técnica apurada, apresentam disciplina, sentimento de dono, espírito de equipe e interação com a liderança e os colegas de trabalho.

9. A equipe de Manutenção utiliza ferramentas de Análise de Falhas para evitar reincidências?

Este questionamento avalia as equipes quanto à realização das análises das falhas que ocorrem nos equipamentos. É muito importante que essas análises sejam feitas de maneira sistemática, por três motivos:

1. Evitar reincidências, pois buscam as causas fundamentais e assim podem atuar sobre elas;
2. Servir de treinamento e aprendizado para as equipes de Manutenção e de Operação;
3. Possibilitar a multiplicação da solução adotada para equipamentos idênticos.

A ferramenta Análise de Falha é muito utilizada, também, pela área de Segurança na avaliação de acidentes de trabalho.

Deve-se questionar: a unidade faz um controle das AF? As AF são arquivadas de modo que possam ser manuseadas facilmente para consultas e treinamento? Percebe-se o bloqueio efetivo das causas identificadas?

10. O resultado da pesquisa de satisfação – *engagement* da área de Manutenção está alinhado com a meta?

A área de Manutenção está batendo a meta de satisfação – *engagement*?

Se não, existe um plano de ação da área de Manutenção para alcance da meta de satisfação? Esse plano é avaliado mensalmente pela liderança da equipe de Manutenção junto com a área de Recursos Humanos/Gente? Indicadores como *turnover*, absenteísmo e número de sugestões de melhorias estão alinhados com o resultado da pesquisa de *engagement*?

ITENS DE AVALIAÇÃO DE DESEMPENHO DA EQUIPE DE OPERAÇÃO:

1. A equipe de Operação está batendo as metas ligadas ao volume de produção?

Avaliar se as metas de cumprimento de volume de produção estão sendo alcançadas conforme Planejamento e Controle da Produção (PCP). A eficiência operacional de máquinas de linhas de produção ou de processos produtivos está sendo alcançada? Em caso negativo, existe um plano de ação bem estruturado com *checks* mensais avaliados pelas gerências da planta e os resultados apresentam tendência de alcance das metas?

2. A equipe de Operação está batendo as metas ligadas à qualidade dos produtos e à perda de matéria-prima?

Avaliar se as metas de qualidade do produto e de perda de matéria-prima estão sendo batidas. Em caso negativo, existe um plano de ação bem estruturado com *checks* mensais avaliados pela gerência da área? Os resultados demonstram tendência de melhoria e alcance das metas? Existe gestão para os itens de controle como perda de matéria-prima e retrabalho? Essas metas estão sendo alcançadas?

3. A equipe de Operação está batendo as metas ligadas à Segurança do Trabalho e Meio Ambiente?

O combate a acidentes de trabalho é um foco nas empresas. Acidente é inadmissível pela alta liderança. Consequência disso é o desdobramento de metas de segurança, desde a diretoria até o chão de fábrica para assegurar o **Zero Acidente** por períodos cada vez mais longos.

Todos nós já vimos placas como, por exemplo: **"Estamos há 859 dias sem acidentes, nosso recorde é 1348"**.

A avaliação deste item deve refletir resultados práticos, além do comprometimento de gerentes, líderes, supervisores e Operadores.

Há participação efetiva da Operação e da supervisão na identificação de condições inseguras? Os atos inseguros estão sendo identificados e há tendência de queda? Há gestão sobre as condições inseguras e os atos inseguros? A utilização de Equipamentos de Proteção Individual (EPIs) é sistemática?

4. A equipe de Operação está batendo as metas de produtividade, como consumos específicos de energia elétrica, vapor, água, combustíveis, etc.?

Avaliar, neste item, se as metas de produtividade, como consumos específicos de energia elétrica, consumos de vapor, consumos de água e outros, que impactam fortemente no custo variável, estão sendo batidas. Questionar se, em casos negativos, existe um plano de ação para a busca das metas. Este plano é gerenciado mensalmente? Percebe-se melhoria nos itens de controle, com tendência de alcance das metas?

5. É feito o Gerenciamento da Rotina pela liderança da área de Operação?

Este questionamento avalia se a equipe de Operação trabalha com o ciclo do Planejando, Executando, Checando e Atuando (PCDA) em cima de eventuais falhas ou padronizando as atividades consideradas como sendo a melhor prática.

É importante que a equipe de Operação gerencie sistematicamente seu processo por meio de itens de controle, tais como: volume de produção, qualidade do produto, eficiência operacional, retrabalho, perdas de matéria-prima, eficiência global, custo de produção e outros. Os resultados dos itens de controle além de indicarem tendência das curvas ao longo do tempo e eventuais desvios, servem como referência para que a empresa estabeleça novos desafios para sua equipe.

6. Os Operadores operam bem seus equipamentos e cumprem sistematicamente com as atividades de Manutenção Autônoma – conservação – Limpeza, Lubrificação, Reaperto (LLR) e Inspeções de máquinas?

Este item do *checklist* é o mais importante em termos de conservação dos equipamentos produtivos. A primeira avaliação a ser feita é se os Operadores são certificados para operar seus equipamentos. Eles devem ser peritos na operação, **nunca** fugindo das especificações de projeto da máquina. Deve-se avaliar se há evidência de quebra de máquina por má operação.

Como a LLR é parte integrante das atividades dos Operadores, deve-se avaliar se elas estão sendo efetivamente cumpridas e sendo registradas. Questionar se as máquinas se encontram realmente limpas e lubrificadas. Há evidência de quebras de máquinas por falta de lubrificação ou reaperto?

7. A equipe de Operação é mantida atualizada por meio de treinamentos programados?

Para este item, valem os comentários feitos para a equipe de Manutenção. Quanto maior a capacitação da Operação, maior é o retorno para a empresa. Por isso, a frase: *Treinamento não é despesa, é investimento.*

8. A equipe de Operação tem tempo médio de casa igual ou superior a cinco anos?

Avaliar este item 8 com um pouco mais de detalhe. Incluir aqui todos os colaboradores da área: de gerentes, supervisores ou líderes de área até o nível de operação. Uma boa prática é a avaliação por especialidade e por nível hierárquico.

Este item é de suma importância para a busca da alta eficiência dos equipamentos de produção e está diretamente ligado ao *turnover* da empresa.

9. A equipe de Operação utiliza ferramentas de Análise de Falhas para evitar reincidências?

Aqui, também valem as mesmas observações feitas para a equipe da área de Manutenção.

10. O resultado da pesquisa de satisfação – *engagement* da área de Operação está alinhado com a meta?

Este item 10, segue o mesmo critério de avaliação que o descrito para a área de Manutenção, ou seja, avaliar se a área de **Operação** está batendo a meta de satisfação – *engagement*. Em caso negativo, existe um plano de ação da área de Operação para alcance da meta de satisfação? Este plano é avaliado mensalmente pela liderança da equipe de Operação junto com a área de Recursos Humanos/Gente? Indicadores como *turnover*, absenteísmo e número de sugestões de melhorias estão alinhados com o resultado da pesquisa de satisfação?

ITENS DE AVALIAÇÃO DO FATOR MOTIVAÇÃO:

1. O *turnover* e o absenteísmo da unidade fabril estão alinhados com a meta da companhia?

Agora, na Avaliação do fator de Motivação, o *turnover* é um dos itens de controle mais importantes para a sustentabilidade de programas que buscam a excelência fabril. *Turnover* não combina com trabalhos que contemplam método e cultura, pois estes, obrigatoriamente, envolvem **gente**. Para pontuação deste item, avalie bem indicadores não só de rotatividade de gente, mas também de absenteísmo. Cheque se os resultados mensais do indicador *turnover* estão alinhados com a meta anual. A tendência da curva aponta para alcance da meta?

2. Existe um plano de ação para gerenciamento do indicador de *turnover*? Há gestão do índice de absenteísmo?

Avalie este item, checando se existe um plano de ação dedicado ao *turnover*. Este plano é discutido periodicamente pelos gerentes de área e demais lideranças? Desvios são avaliados e contramedidas adotadas? Percebe-se evolução positiva do *turnover* com tendência de alcance da meta?

Considere também o absenteísmo como um parâmetro que reflete a motivação da equipe e deve ser monitorado pela liderança.

3. O resultado da pesquisa de satisfação - *engagement* - está alinhado com a meta da companhia? Existe um plano de ação para melhoria desse indicador?

Essa pesquisa é abrangente e deve ser utilizada como a principal ferramenta de avaliação das equipes sob o aspecto motivacional.

Obviamente, esse processo deve ser realizado com a garantia de confidencialidade dos participantes. O resultado da pesquisa deve ser avaliado e diagnosticado com precisão. A área de Recursos Humanos/Gente, responsável por esse processo, deve dar suporte para os demais gerentes da empresa e fazer com que eles deem vazão às ações necessárias em suas áreas de atuação.

O plano de ação de cada departamento deve ser validado pela área de Recursos Humanos/Gente. O resultado das ações aplicadas, obrigatoriamente deverá apresentar impactos positivos nos indicadores e na produtividade da empresa.

4. Existe um controle de Sugestões de Melhorias ou de Boas Práticas geradas pelas áreas de Manutenção e Operação? Se sim, são valorizadas pela companhia?

Algumas empresas estabelecem metas para apresentação de melhorias por parte dos colaboradores. Outras preferem considerar esse tema como sendo estritamente voluntário, valorizando as sugestões por meio de reconhecimento com presentes como livros, viagens, prêmios em dinheiro e outros.

O importante é pontuar este item 4, considerando se há monitoramento das sugestões de melhorias. Questione se as sugestões são avaliadas pela supervisão e gerência das áreas. Essas sugestões são reconhecidas? Existe *feedback* da liderança para o colaborador que apresentou a melhoria, independentemente se aprovada ou não?

5. As equipes de Manutenção e Operação trabalham em grupo para a solução de problemas comuns? Ex.: alcance de metas de produtividade, redução de perda de matéria-prima, melhoria da qualidade.

Para a pontuação deste item deve ser considerado se há a participação conjunta das equipes de Manutenção e de Operação para a solução de problemas que envolvem fatores interligados entre si. Geralmente, eles devem ser tratados por grupos de trabalhos chamados de Grupo Melhoria Resultados (GMR).

Muitos problemas complexos de difícil solução tornam-se mais fáceis se forem resolvidos por meio de um grupo multifuncional.

Cito como exemplo o estabelecimento de uma meta para a redução do consumo de energia elétrica em uma empresa.

Sabemos que se trata de um tema muito técnico, mas para adotarmos um conjunto de soluções, é fundamental o conhecimento do processo como um todo. Substituição pura e simples de motores, lâmpadas, etc., obviamente ajuda, mas eventualmente uma racionalização no processo produtivo poderá contribuir muito mais para a redução do consumo energético.

Não podemos nos "dar ao luxo" de abrir mão da experiência e da contribuição de qualquer uma das equipes em prol dos objetivos da empresa.

6. As metas ligadas à Segurança do Trabalho estão sendo alcançadas?

A avaliação deste item deve ser semelhante ao da equipe de Operação e da equipe de Manutenção, porém neste item em particular a pontuação deverá refletir a avaliação de todas as áreas da unidade fabril. Repetindo o exemplo citado nos itens da Operação e da Manutenção: **"Estamos há 859 dias sem acidentes, nosso recorde é 1348".**

Esses números refletem todos os acidentes ocorridos na planta fabril e não somente das áreas de Operação e de Manutenção. Considerem na avaliação a postura dos gerentes, supervisores e líderes de turma, frente à prevenção de acidentes.

As atitudes dos liderados são reflexos das atitudes dos líderes.

7. As equipes de Produção e de Manutenção estão comprometidas com os programas Ambientais e de Segurança da companhia?

Para a avaliação deste item, considere se os índices de acidentes **com** e **sem** afastamento estão sendo alcançados. Percebe-se compromisso das lideranças das áreas com relação à segurança de seus colaboradores? Está havendo uma gestão dos itens de condições inseguras e de atos inseguros? As atitudes das lideranças estão contribuindo para a conscientização e a mudança de postura de Operadores e Mantenedores no sentido de reduzir acidentes?

Operadores e Mantenedores estão participando ativamente de treinamentos e eventos de segurança e de meio ambiente, programados pela área de Recursos Humanos/Gente?

Com relação ao Meio Ambiente, é sabido que os incidentes ocorridos nas estações de tratamento de efluentes têm origem nas áreas produtivas e são provocados pelo não cumprimento de padrões ambientais. Para a pontuação deste item, avalie os registros de ocorrências por descumprimento de padrões, que colocaram em risco o tratamento de efluentes. Identificar as áreas produtivas que oferecem riscos. Checar se está havendo redução neste tipo de ocorrência. Há ocorrência ambiental que coloca em risco a imagem da empresa? Aqui, mais uma vez, vale a máxima: *A atitude dos colaboradores reflete a atitude do líder*.

8. As máquinas e os Operadores passam por auditorias de Manutenção Autônoma periodicamente?

Para a pontuação deste item, considere as auditorias periódicas de máquinas e Operadores como indispensáveis para manter **viva** a cultura de Manutenção Autônoma na empresa. É preciso manter o vínculo do Operador com a máquina, fazendo jus à frase muito usada nas empresas que trabalham com TPM: "*Da minha máquina, cuido eu*". Avalie se as atividades de LLR estão resultando em melhorias no equipamento e na eficiência do processo. Questione: foram zeradas as quebras por má lubrificação? Os Operadores estão identificando anomalias no seu equipamento? As máquinas estão efetivamente limpas? Para mudança de etapa da M.A., estão sendo realizadas auditorias? Está havendo impactos positivos no Tempo Médio de Reparos (TMR) e Tempo Médio entre Falhas (TMEF)?

9. Existe interação entre as gerências de Manutenção, Produção, Qualidade, Meio Ambiente, Segurança e Recursos Humanos/Gente? Metas são compartilhadas?

Para a avaliação deste item, fazemos outro questionamento, um pouco mais direto: as gerências de Manutenção, Produção, Meio Ambiente, Segurança e Recursos Humanos/Gente trabalham como se fossem áreas estanques ou buscam compartilhar soluções que visem ao benefício da empresa como um todo? O importante é que a resposta a essa pergunta leve em consideração a rotina dos gerentes, e não ocorrências isoladas.

10. Os gerentes de Operação e Manutenção têm inserido em suas rotinas visitas ao chão de fábrica? Eles as praticam sistematicamente?

Cheque se os gerentes de área estão cumprindo a visita rotineira, também chamada de inspeção de rota, no chão de fábrica. Essa postura trata-se de uma boa prática e, geralmente, está inserida no gerenciamento da rotina do dia a dia. Tanto os Operadores como Mantenedores e supervisores em geral apreciam e valorizam a participação dos gerentes nas áreas. Verifique se os gerentes interagem com seus colaboradores, questionando-os ou parabenizando-os sobre a qualidade da Manutenção Autônoma, sobre o volume de produção, eficiência do equipamento, qualidade dos produtos, 5S, etc.

CONCEITOS DE PROCESSOS
1. CONCEITO - EXCELENTE
2. CONCEITO - REGULAR
3. CONCEITO - BAIXO

1 AVALIAÇÃO DE RESULTADO
ACP: 80 A 100 – EXCELENTE
Análise e Recomendação

Após um processo de avaliação **ACP**, em que houve a participação de todos os gerentes de área da planta fabril e o resultado obtido foi acima de 80 pontos, o processo é classificado como **excelente**.

Então, como a liderança da planta deve refletir esse resultado?

Obviamente, levantando as oportunidades identificadas em cada um dos itens do *checklist* da planilha de Avaliação Conceitual de Processo e traçando um plano de ação, buscando fechar as lacunas que surgiram durante esse processo.

Mas, de uma maneira geral, podemos comentar sem muita margem de erro que a equipe da unidade fabril tem potencial para aceitar novos desafios com relação às metas de eficiência global de processo, eficiência de linhas e redução de custos variáveis, como consumo de energia elétrica, combustíveis, água, redução de acidentes de trabalho com e sem afastamento, melhora nos indicadores do SAC, etc.

Fica claro que a planta tem uma boa gestão, com resultados consistentes tanto da área de Manutenção como de Operação.

Com certeza, a pesquisa de satisfação apresenta bons resultados e as oportunidades identificadas devem ser trabalhadas.

Essa unidade fabril merece perseguir e manter resultados comparáveis a *benchmark*.

2 AVALIAÇÃO
ACP: 50 A 79 - REGULAR

Análise e Recomendação

Após um processo de avaliação **ACP**, em que houve a participação de todos os gerentes de área da planta fabril e o resultado obtido está entre 50 e 79 pontos, o processo é classificado como regular.

Então, como a liderança da planta deve refletir esse resultado?

Aqui, a avaliação é um pouco mais complexa que no caso anterior. Neste caso, o potencial de melhoria é maior e, claro, quanto mais próximo a 79, mais rapidamente a planta fabril pode buscar a excelência do seu processo, uma vez que tanto os resultados como a gestão começam a mostrar consistência. Por outro lado, quanto mais próximo dos 50 pontos, tanto os resultados como a própria gestão apresentam grandes inconsistências. Isso quer dizer que muito trabalho tem que ser desenvolvido pela liderança da unidade fabril para buscar a excelência do processo.

Diferentemente do caso anterior, aqui teremos muitas oportunidades identificadas em cada um dos itens do *checklist* da planilha de Avaliação Conceitual de Processos. Os gerentes deverão reavaliar em detalhe cada um dos itens e traçar um plano de ação, com o objetivo de fechar as lacunas que surgiram durante o processo ACP.

A seguir, comentários típicos de uma **Avaliação Conceitual de Processos - Regular** para que a alta liderança da unidade fabril possa refletir e estabelecer contramedidas para a busca da excelência:

ACP: 50 A 79 - REGULAR
ITENS DE AVALIAÇÃO DE DESEMPENHO DA ÁREA DE MANUTENÇÃO:

1. A equipe de Manutenção está batendo as metas ligadas ao volume de produção, eficiência de máquinas ou de processos?

Num processo onde a classificação é regular, os resultados dos itens de controle geralmente apresentam altos e baixos, ou seja, a curva de resultados é do tipo "dente de serra", ficando difícil visualizar a tendência. Isso ocorre geralmente porque as causas **não foram bem diagnosticadas** ou **as ações traçadas não foram bem executadas**.

O gerente de área de Manutenção deve reavaliar o plano de ação e, por meio do diagrama *espinha de peixe*, identificar, juntamente com seu time, causas e contramedidas eficientes, capazes de impactar positivamente nos resultados e incrementar o plano de ação.

2. A equipe de manutenção está batendo as metas de produtividade, como consumos específicos de energia elétrica, vapor, água, combustíveis etc.?

De maneira similar ao item 1, os resultados de consumos específicos e de custos variáveis também não apresentam consistência. Aqui, valem as mesmas observações anteriores.

3. A equipe de manutenção está batendo as metas ligadas à Segurança do Trabalho e de Meio Ambiente?

Neste item, como já foi dito, vale muito a postura da alta gerência até o nível de chão de fábrica. Os gerentes de área, obrigatoriamente, têm que avaliar o comportamento de sua equipe e adotar medidas fortes no plano de ação, para mudança de postura e de cultura dos colaboradores frente aos riscos. Acidentes de trabalho e impactos ambientais não combinam com processos de excelência. As metas, tanto de segurança como de Meio Ambiente são inegociáveis para toda a liderança da empresa.

Um bom início para a redução rápida de acidentes é focar nas condições e nos atos inseguros. E isso está nas mãos da liderança da planta.

4. É feito o Gerenciamento da Rotina pela liderança da área de manutenção?

Novamente, para um processo em que a classificação é regular, existem lacunas importantes no Gerenciamento da Rotina da liderança. Os gerentes de área devem identificar as oportunidades e incrementar o plano de ação. O ciclo de PDCA não funciona sem o *check* "C". É vital fazer o *check* mensal do plano, expondo resultados e tendências.

Resultados inconsistentes decorrem de uma Rotina deficiente por parte do líder. Uma vez estabelecidas as rotinas da liderança, obrigatoriamente, elas devem ser cumpridas na íntegra.

5. A empresa tem um plano de manutenção preventivo e preditivo e cumpre com qualidade e disciplina as atividades do plano?

Numa avaliação técnica, pode até ser que exista um plano de manutenção preventivo e preditivo, entretanto, com certeza há muitas oportunidades de melhoria. É vital que as atividades de manutenção do plano estejam realmente sendo executadas. Se sim, questionar se estão sendo realizadas com qualidade. O indicador de resserviço está sendo avaliado? Esses pontos críticos devem ser considerados no plano de ação. Se existem lacunas entre Planejado x Realizado, com certeza, teremos impacto na eficiência e na confiabilidade das máquinas, prejudicando KPI's importantes do processo.

6. A equipe tem padrões de manutenção e está cumprindo-os com qualidade?

Neste item, a gerência da área de Manutenção deve avaliar se os padrões existem e se os Mantenedores estão cumprindo os mesmos durante a execução das tarefas. O número de resserviço elevado está diretamente ligado à má qualidade na execução das atividades. É indicativo de falta de treinamento ou não cumprimento de padrões.

Essas questões devem ser consideradas na elaboração ou revisão do plano de ação.

7. A equipe de Manutenção é mantida atualizada por meio de treinamentos programados?

Aqui, com certeza existem lacunas importantes no programa de capacitação de mão de obra, e o gerente de Manutenção tem que avaliar a necessidade de desenvolvimento dos Mantenedores, juntamente com a área de Recursos Humanos/Gente. Deve discutir ações para elevar o nível técnico dos profissionais da área. Realizar treinamentos sem conexão direta com as atividades do dia a dia dos Operadores é desperdiçar recursos. A capacitação dos colaboradores é um dos elos mais fortes da **corrente** que eleva os resultados da empresa e consequentemente a busca da excelência como conceito do processo.

Mais à frente, vamos considerar também o impacto do *turnover*.

8. A equipe de Manutenção tem "tempo médio de casa" igual ou superior a cinco anos?

Por que a pergunta "tempo médio de casa igual ou superior a cinco anos"? Por experiência, profissionais das áreas de Manutenção e de Operação, que lidam anos e anos no chão de fábrica, atestam que tanto os Mantenedores como os Operadores apresentam alto rendimento após o quinto ano de trabalho na empresa, mesmo que não necessariamente na mesma função. Indiscutivelmente, esse é um prazo em que os valores acumulados durante anos passam a fazer a diferença. No caso de conceito regular, provavelmente a equipe de Manutenção apresenta lacunas importantes no desenvolvimento de suas atividades. Sendo assim, o segredo é treinar e manter os bons profissionais. O gerente de Manutenção deve traçar ações conjuntas com o gerente de Recursos Humanos/Gente para garantir Mantenedores capazes.

9. A equipe de Manutenção utiliza ferramentas de Análise de Falhas para evitar reincidências?

Pensando em um processo regular, certamente, aqui também temos deficiências. As AF provavelmente não estão sendo realizadas de maneira **sistemática**. Quem deve garantir que isso ocorra é o gerente de Manutenção junto à sua equipe. Contramedidas nesse sentido devem constar do plano de ação. A dica aqui é: não abra mão da utilização da ferramenta de Análise de Falhas.

10. O resultado da pesquisa de satisfação – *engagement* da área de Manutenção está alinhado com a meta?

Este é mais um item com reflexo direto na motivação da equipe. O gerente da área de Manutenção deve avaliar cada item da pesquisa de satisfação com seus supervisores e, líderes de turma e traçar ações para melhorar o *engagement* de sua equipe. As ações adotadas, devem ser **avaliadas** e **validadas** pela gerência de Recursos Humanos/Gente. Considerando um processo regular, este é, sem dúvida, um dos itens principais a serem trabalhados para alcançar a excelência.

As respostas e os comentários dos colaboradores são de vital importância para a identificação das lacunas. As ações a serem adotadas pela liderança devem impactar exatamente naquilo que está exposto na pesquisa.

ACP: 50 a 79 - REGULAR
ITENS DE AVALIAÇÃO DE DESEMPENHO DA ÁREA DE OPERAÇÃO:

1. A equipe de Operação está batendo as metas ligadas ao Volume de produção?

O comentário do item 1 para a equipe de Manutenção é 100% válido, aqui, para a equipe de Operação. Num processo onde a classificação é regular, os resultados dos itens de controles geralmente apresentam altos e baixos, ou seja, a curva de resultados é do tipo "dente de serra", ficando difícil visualizar a tendência. Isso ocorre, geralmente, porque **as causas não foram bem definidas** ou as **ações traçadas não foram bem executadas**.

O gerente de área de Operação deve reavaliar o plano de ação por meio do diagrama Espinha de Peixe e identificar causas e contramedidas eficientes, capazes de impactar positivamente os resultados.

2. A equipe de Operação está batendo as metas ligadas a Qualidade dos Produtos e perda de matéria-prima?

De maneira similar ao item 1, os resultados de itens de controle de qualidade e de perda de matéria-prima com certeza apresentam curvas inconsistentes. Aqui, valem as mesmas observações anteriores.

3. A equipe de Operação está batendo as metas ligadas à Segurança do Trabalho e ao Meio Ambiente?

Neste item, como já foi dito, vale muito a postura da alta gerência até o nível de chão de fábrica. Os gerentes de área, obrigatoriamente, têm que avaliar o comportamento de sua equipe e **adotar medidas fortes** no plano de ação para a mudança de postura e cultura dos colaboradores frente aos riscos. Checar se está havendo participação efetiva das áreas de Operação e supervisão na identificação de condições inseguras. Questionar se os atos inseguros estão sendo identificados e se há tendência de queda. Há gestão sobre as condições inseguras e atos inseguros? A utilização de Equipamentos de Proteção Individual (EPIs) é sistemática?

Essas adoções devem ser aplicadas e mantidas, independentemente da classificação do processo: Excelente, Regular ou Baixo. Trata-se de sobrevivência da empresa.

Acidentes de trabalho e impactos ambientais não combinam com processos de excelência.

As metas, tanto de Segurança como de Meio Ambiente, são inegociáveis para toda a liderança da empresa.

4. A equipe de Operação está batendo as metas de produtividade, como consumos específicos de energia elétrica, vapor, água, combustíveis etc.?

De maneira similar ao item 1 de Avaliação de Desempenho da área de Manutenção, os resultados de consumos específicos e de custos variáveis também não apresentam consistência. A recomendação é trabalhar forte nas contramedidas, inseri-las no plano de ação e fazer apresentação mensal – *check* "C" do PDCA.

5. É feito o Gerenciamento da Rotina pela liderança da área de Operação?

Novamente, para um processo cuja classificação é regular, existem lacunas importantes no Gerenciamento da Rotina da liderança. Os gerentes de área devem identificar as oportunidades e incrementar o plano de ação. É vital fazer o cheque mensal do plano, expondo resultados e tendências.

6. Os Operadores operam bem seus equipamentos e cumprem sistematicamente os padrões de Manutenção Autônoma – conservação – Limpeza, Lubrificação, Reaperto (LLR) e Inspeções de máquinas?

Neste item, a gerência da área de Operação deve avaliar no chão de fábrica, se os padrões de atividades tanto de Operação como de Manutenção Autônoma existem, se estão atualizados e se os Operadores estão cumprindo-os com **qualidade** e **disciplina** durante a execução das tarefas. Como trata-se de um processo com avaliação regular, com certeza aqui também existem muitas oportunidades. O trabalho da liderança da equipe de Operação é identificá-las, inseri-las no plano de ação e buscar contramedidas eficazes para o alcance das metas.

Este item é o mais importante para a conservação dos equipamentos pois está diretamente vinculado às atividades da MA – LLR.

7. A equipe de Operação é mantida atualizada por meio de treinamentos programados?

Aqui, o gerente de Operação tem que avaliar a necessidade de desenvolvimento e atualização dos Operadores, juntamente com a área de Recursos Humanos/Gente. Deve discutir ações para elevar o nível técnico dos profissionais da área. Realizar treinamentos sem conexão direta com as atividades do dia a dia dos Operadores é desperdiçar recursos.

Mais à frente, vou considerar também o impacto do *turnover*. Sem um programa forte de capacitação da operação, dificilmente a meta de excelência do processo será alcançada.

8. A equipe de Operação tem "tempo médio de casa" igual ou superior a cinco anos?

Por que a pergunta: "*tempo médio de casa igual ou superior a cinco anos*"? Por experiência, profissionais das áreas de Manutenção e de Operação, que lidam anos e anos no chão de fábrica, atestam que tanto os Mantenedores como os Operadores apresentam alto rendimento após o quinto ano de trabalho na empresa, mesmo que não necessariamente na mesma função. Indiscutivelmente esse é um prazo em que os valores acumulados durante anos passam a fazer a diferença. Neste item, o segredo é treinar e manter os bons profissionais. O gerente de Operação deve traçar ações conjuntas com a gerência de Recursos Humanos/Gente, para garantir profissionais capazes.

9. A equipe de Operação utiliza ferramentas de Análise de Falhas para evitar reincidências?

Considerando um processo regular, as oportunidades existem. As AF provavelmente não estão sendo realizadas pelos Operadores com suporte dos Mantenedores de maneira sistemática. Quem deve garantir que isso ocorra é o gerente de Manutenção junto à sua equipe de liderança. Contramedidas neste sentido devem constar do plano de ação.

10. O resultado da pesquisa de satisfação – *engagement* da área de Operação está alinhado com a meta?

Este é mais um item com reflexo direto na motivação da equipe. O gerente da área de Operação deve avaliar cada item da pesquisa de satisfação com seus supervisores, e líderes de turma e traçar ações para melhorar o *engagement* de sua equipe. As ações adotadas, devem ser **avaliadas** e **validadas** pela gerência de Recursos Humanos/Gente. Considerando um processo regular, este é sem dúvida um dos itens principais a ser trabalhados para alcançar a excelência.

ACP: 50 a 79 - REGULAR
ITENS DE AVALIAÇÃO DO FATOR MOTIVAÇÃO:

1. O *turnover* e o absenteísmo da unidade fabril estão alinhados com a meta da companhia?

Como já vimos nos *checklists* anteriores, para um processo de avaliação regular, existem muitas oportunidades tanto no item de controle *turnover* como no absenteísmo. Certamente, o *turnover* e o absenteísmo estão em um patamar acima do aceitável para um processo de excelência. Os gerentes de Manutenção e de Operação **não** podem e não **devem** delegar a tarefa de redução do *turnover*. As contramedidas devem ser discutidas juntamente com a gerência de Recursos Humanos /Gente. Enriqueçam o plano com ações efetivas para o combate à rotatividade de gente.

Valorizem o resultado da pesquisa de **Satisfação** – *Engagement*, pois ele está diretamente ligado à **motivação** das equipes.

2. Existe um Plano de Ação para melhora do indicador de *turnover*? Há gestão do índice de absenteísmo?

Obrigatoriamente, deve haver um plano de ação específico para a gestão do *turnover* que abranja todas as áreas da empresa. Se não há, é tarefa da área de Recursos Humanos/Gente promover a implantação dessa gestão. Cada um dos gerentes deve ter o compromisso de propor ações de combate ao *turnover* de sua respectiva área e fazer o gerenciamento do plano com suporte da área de Recursos Humanos/Gente. O *check* do plano deve ser mensal com avaliação do cumprimento das ações e tendência da curva de resultados.

3. O resultado da pesquisa de satisfação – *engagement* está alinhado com a meta da companhia? Existe um plano de ação para a melhoria desse indicador?

A pesquisa de satisfação – *engagement* é um dos caminhos para identificação de oportunidades de redução do *turnover*. Novamente, para um processo regular, é certo que a meta não está sendo alcançada e, portanto, há muitas oportunidades a serem trabalhadas. Se não há um plano de ação, deverá ser implantado e trabalhado urgentemente por todos os gerentes de área e, juntamente, com a gerência de Recursos Humanos/Gente.

4. Existe um controle de Sugestões de Melhorias ou Boas Práticas geradas pelas áreas de Manutenção e Operação? Se sim, elas são valorizadas pela companhia?

Sugestões de Melhorias e Boas Práticas são indicadores de compromisso dos colaboradores, Mantenedores e Operadores com a empresa. Como se trata de um processo regular, não temos dúvida de que há várias lacunas nessa prática de reconhecimento por parte das áreas. A recomendação é implantar rapidamente esse programa por meio da gerência de Recursos Humanos/Gente juntamente, com os gerentes de Manutenção e de Operação. Façam isso inserindo ações no plano, com *checks* mensais. Somente como informação complementar, este processo de sugestão de Melhorias ou Boas Práticas e Reconhecimento não deve estar limitado somente às áreas de Operação e de Manutenção da empresa.

5. As equipes de Produção e Manutenção trabalham em grupo para a solução de problemas comuns (Ex.: alcance de metas de produtividade, redução de perda de matéria-prima, melhoria de qualidade, etc.)?

Falei que não é possível conseguir bons resultados de produtividade – sejam índices técnicos, como consumos específicos ou de custos variáveis, que envolvem mais de uma área fabril – sem suporte de pelo menos um representante de cada área no grupo de trabalho. Aqui, num processo regular, mais uma vez podemos afirmar que os resultados de itens de controle quase sempre apresentam altos e baixos. Uma das razões pode estar associada à formação do grupo de trabalho (GMR) sem representantes de áreas comprometidos. Cada representante tem que estar comprometido com o resultado final do trabalho, sendo responsável por ações e resultados de sua área. Checar se isso está ocorrendo no GMR, traçar ações eficazes, inserir no plano de ação e fazer o *check* com o grupo, mensalmente. É preciso avaliar o cumprimento das **ações** e a tendência da curva de **resultados**.

> **Datas de conclusão de ações são escritas na pedra**

Essa é uma das premissas para a busca de melhores resultados.

6. As metas ligadas à Segurança do Trabalho estão sendo alcançadas?

A avaliação deste item 6 deve ser semelhante aos itens 3 das Avaliações de Desempenho das áreas de Operação e de Manutenção. Porém, como já falado nos itens do *checklist* da ACP, a pontuação deste item, em particular, deve levar em consideração a avaliação dos indicadores associados à segurança do trabalho de todas as áreas da empresa.

Acidentes não combinam com processos de excelência. Para fins de incremento do plano de ação, os gerentes das áreas de Manutenção e de Operação devem analisar em detalhe cada acidente ocorrido em suas áreas, com ou sem afastamento, e traçar ações de bloqueio. Deve haver ações específicas para esses indicadores **avaliados** e **validados** pela gerência de Segurança do Trabalho da empresa.

Para processos regulares, as lacunas são grandes e devem ser trabalhadas com urgência, começando com a identificação e a eliminação das Condições Inseguras e dos Atos Inseguros. Estes últimos estão diretamente ligados à cultura de segurança da empresa.

7. As equipes de Operação e de Manutenção estão comprometidas com os programas Ambientais e de Segurança da companhia?

Processos com conceito regular: este item 7 é similar aos itens 3 dos *checklists* de Avaliação Conceitual de Processos (ACP) para as áreas de Manutenção e de Operação. Uma vez analisados os detalhes da pontuação, as duas gerências deverão rever cada um dos impactos que suas respectivas áreas estão causando em termos de segurança e de meio ambiente. Geralmente, uma pontuação baixa está correlacionada à falta de cumprimento de padrões e à falta de comprometimento da liderança das áreas com os treinamentos e eventos firmados pelas Segurança e pelo Meio Ambiente. Para fins de composição do Plano de Ação, as contramedidas deverão ser discutidas, avaliadas e validadas com ambas as áreas: Segurança e Meio Ambiente, respectivamente. Lembramos que os impactos ambientais e de segurança podem refletir na imagem da companhia. Nada mais sério que investir fortemente nestes dois temas.

8. As máquinas e os Operadores passam por auditorias de Manutenção Autônoma periodicamente?

Processo com conceito regular: os equipamentos não apresentam status de conservação compatÍvel com o processo de conceito **excelente**. Lacunas e oportunidades de evolução dos Operadores e de suas respectivas máquinas devem estar sendo detectadas nas **auditorias** de **Manutenção Autônoma**.

Se as auditorias não estão sendo feitas, a primeira contramedida é promover a realização sistemática e padronizada das auditorias de M.A. para **Operadores** e **máquinas**. Se a auditoria já está sendo realizada e os Operadores estão realmente cumprindo as tarefas, as contramedidas devem levar em consideração a qualidade das atividades (Do/Fazer) do PDCA e também reavaliar e enriquecer os itens do *checklist*. Complementado, deve ser inserido também no plano de ação, o treinamento das atividades de M.A. Neste item, a supervisão faz toda a diferença.

9. Existe interação entre as gerências de Manutenção, Operação, Qualidade, Meio Ambiente, Segurança e RH/Gente? Metas são compartilhadas?

Processo com conceito regular: já vimos que, para avaliação deste item 9, fazemos outro questionamento um pouco mais detalhado. As gerências de Manutenção, Operação, Qualidade, Meio Ambiente, Segurança e Recursos Humanos/Gente trabalham como se fossem áreas estanques ou buscam compartilhar soluções que visem ao benefício da empresa como um todo?

Certamente, existem muitas lacunas em um processo regular. Deve-se checar se existem metas compartilhadas entre as áreas, se há comprometimento entre as gerências em busca de resultados de prioridade da companhia. Há interação entre as lideranças? Para estabelecer as contramedidas, o importante é que a resposta leve em consideração a **rotina dos gerentes** e não ocorrências isoladas.

10. Os gerentes de Operação e de Manutenção têm inserido em suas rotinas visitas ao chão de fábrica? Eles as praticam sistematicamente?

Processo com conceito regular: há também lacunas importantes neste item. A pontuação baixa no item 10 reflete a ausência, no mínimo parcial, da gerência no chão de fábrica, local onde as coisas acontecem. Muito *feedback* importante pode ser colhido. A evolução neste item não depende de verba ou recursos extras. Somente da vontade da gerência em "gastar sola de sapato". Os gerentes têm que ir para o campo e ver de perto o que está acontecendo. Falar com Operadores, mecânicos, eletricistas, supervisores, etc.

Muitos gerentes têm na sua agenda semanal o tempo dedicado às visitas na planta. Isso faz a diferença na motivação das equipes e na visão geral dos gerentes com relação àquilo que, efetivamente, está sendo realizado no chão de fábrica. Esse é um tema simples e fácil de ser cumprido, mas que se não for executado sistematicamente pelas gerências, podemos afirmar que a avaliação com conceito excelente não será alcançada.

3 AVALIAÇÃO ACP: ATÉ 49 - BAIXO
ANÁLISE E RECOMENDAÇÃO

O conceito baixo, para um processo fabril é para as plantas que exercitaram a Avaliação Conceitual de Processos (ACP) e conquistaram somente até 49 pontos. Então, como a liderança da planta deve refletir este resultado? Antes de mais nada, é preciso que a alta direção da empresa decida se realmente quer a implantação da Manutenção Autônoma, da busca da Quebra Zero, da consideração da Motivação nesse processo, da redução de *turnover* e, principalmente, de consistências nos itens de controle, como aumento de produtividade, eficiência global, redução de custos variáveis e outros.

E o mais importante de tudo: se a alta direção quer que seja implantada uma nova cultura na empresa, com metodologia de trabalho focada em **gente**.

Essa definição é **top down**, não existe outra opção. Uma vez a alta direção abraçando essa metodologia de trabalho, estará comprometida com os recursos necessários para a mudança de cultura e também para estabelecer metas arrojadas e cobrança de resultados. É o famoso: "*Show me the Money*".

O primeiro trabalho do **dono** deste processo de transformação será a compreensão da metodologia e suas implicações.

Como não poderia deixar de ser, a construção deste grande edifício terá que ter início numa base sólida.

A frase seria:

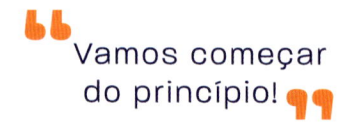

> **Vamos começar do princípio!**

Simulação ACP

Vamos simular uma Avaliação Conceitual de um Processo fabril de uma empresa fictícia que passou pelo método ACP = Dm x Do x m e e obteve os seguintes resultados:

Dm = 8,50

Dp = 7,50

m   = 0,85

ACP = 8,50 x 7,50 x 0,85 resultando em 54 pontos, sendo classificado com conceito regular.

Antes de evoluirmos neste tópico, lembramos que é premissa que o preenchimento da planilha de *checklist* para Avaliação Conceitual de Processo seja realizado em conjunto com a liderança das áreas envolvidas. Sendo mais direto: gerente Fabril, gerentes de Processo, de Engenharia de Manutenção, de Recursos Humanos/Gente, de Meio Ambiente, de Logística, de Qualidade, de Segurança, etc.

Dito isso, prosseguimos com nosso exemplo.

Obviamente, é de interesse da diretoria que se desenvolva um trabalho que, de maneira consistente, promova evolução nas diversas áreas dessa unidade fabril, melhorando os itens de controle e, automaticamente, garantindo a qualidade, o volume de produção e a redução de custos.

Um bom começo para isso seria uma análise aprofundada da pontuação obtida em cada um dos parâmetros da fórmula ACP = Dm x Do x m

Como, após a avaliação, a ACP obteve 54 pontos, seria muito provável que a diretoria da empresa estabelecesse um desafio para toda liderança na busca de pelo menos 80 pontos no prazo de um ano.

E o que representaria a conquista dos 80 pontos?

A melhoria nos parâmetros da Avaliação Conceitual de Processo, saindo do conceito regular para o conceito excelente, e o mais importante: a conquista de novo patamar de **resultados sustentáveis.**

Isso quer dizer impactos positivos em itens de controle de Produtividade, Qualidade, Meio Ambiente, Segurança, Atendimento e Custo.

Para que isso possa ocorrer, a diretoria da empresa estabelece as novas metas para cada um dos parâmetros, como, por exemplo:

Dm = 9,50
Do = 9,50
m = 0,90
Totalizando, então, 81 pontos.

A partir do desafio estabelecido, foi gerado um **problema** a ser resolvido por meio do comprometimento de todos os colaboradores da empresa.

O tamanho do problema é exatamente a lacuna criada entre a pontuação atual e a **meta** estabelecida.

ATUAL:
Dm = 8,50
Do = 7,50
m   = 0,85
ACP = 54 pontos -> Conceito **REGULAR**

NOVA META:
Dm = 9,50
Do = 9,50
m   = 0,90
ACP = 81 pontos -> Conceito **EXCELENTE**

Resumindo, a tarefa é acrescer 1,00 ponto no parâmetro Dm, 2,00 pontos no Do e 0,05 no m.

Continuando com nossa simulação, agora que o desafio está mais claro, vamos pegar como exemplo o trabalho a ser desenvolvido por uma das áreas da empresa: a Manutenção ou, se preferir, a área de Engenharia de Manutenção.

O parâmetro a ser focado é Desempenho da Equipe de Manutenção (Dm).

Sem perda de tempo, a liderança da área deve elaborar um plano de ação que possa ser desdobrado até o chão de fábrica, com interação das áreas de Recursos Humanos, Produção, Qualidade, Segurança, Meio Ambiente e outras.

Para a construção deste plano de ação, é premissa que seja feita uma reavaliação detalhada nos 10 itens da planilha de *checklist* da Avaliação Conceitual de Processos que impactam diretamente no desempenho da Área de Manutenção, refletindo no parâmetro **Dm**.

Para auxiliar nas análises de cada item e identificar com consistência e por importância as oportunidades de melhoria existentes neste processo, uma das ferramentas gerenciais mais utilizadas é a Espinha de Peixe ou diagrama de causa e efeito.

A Espinha de Peixe proporcionará a elaboração do Plano de Ação consistente, que deverá acompanhar todo o trabalho até a conquista do Dm = 95 pontos para compor a ACP de 81 pontos.

De maneira idêntica ao caminho de busca do Dm = 95 pontos, desenvolve-se então a reavaliação dos 10 itens da planilha de *checklist* da Avaliação Conceitual de Processo que impactam no desempenho da Área de Operação, refletindo no parâmetro **Do**.

Posteriormente, em **conjunto com todas as demais áreas**, faz-se a reavaliação dos 10 itens da planilha de *checklist* da Avaliação Conceitual de Processo que impactam no fator Motivação, refletindo no parâmetro **m**.

"PLANOS DE AÇÃO"

Com todas as causas identificadas e contramedidas amplamente discutidas e priorizadas, elabora-se, então, o **plano de ação.** A conclusão de cada item contribuirá para o alcance da meta estabelecida pela diretoria: **ACP = Dm x Do x m = 81**.

IMPORTÂNCIA DO ACOMPANHAMENTO DOS PLANOS DE AÇÃO

O acompanhamento sistemático dos planos de ação é indispensável para o sucesso do trabalho. Deve fazer parte da rotina das equipes e da alta liderança da empresa.

Em poucas palavras, trata-se da atualização periódica dos planos, efetuada pelos responsáveis de cada uma das ações, que deve informar se o item foi concluído, a data da conclusão e eventuais observações, caso necessário.

Reafirmo que as datas de conclusão são "escritas na pedra", ou seja, não devem sofrer atrasos. Casos excepcionais devem ser tratados com muita seriedade e o replanejamento deve ser sempre a premissa para o reagendamento.

A direção da empresa deve elaborar a quatro mãos com as suas lideranças o calendário anual com datas mensais de apresentação dos planos de ação. Os responsáveis pelos planos deverão realizar apresentações para a diretoria, mostrando a evolução dos trabalhos por meio de cronograma atualizado, tendo sempre como base as datas originais.

> **Os bons resultados alcançados devem ser comemorados. As dificuldades encontradas durante o desenvolvimento das ações devem ser avaliadas e a solução compartilhada por todos**

Os eventos de apresentação dos planos para a diretoria são muito importantes por, pelo menos, três boas razões:

- a primeira, pela oportunidade de mostrar aos diretores os esforços e as ações investidos pelo grupo, em busca das metas e os respectivos resultados alcançados;
- a segunda, pela presença da diretoria nesses eventos, valorizando as equipes por meio da atenção dispensada aos grupos de trabalho, fazendo com que se sintam importantes, motivados e suportados;
- a terceira, pelo simples fato de que as pessoas se exporem diante da diretoria já é motivo suficiente para que elas se dediquem, dispensando mais comentários.

Na realidade, esse acompanhamento nada mais é que o *check* do PCDA, que deve ser cultivado por todos os colaboradores, começando pela alta liderança da empresa.

Para finalizar este capítulo, lembro que a fórmula de Avaliação Conceitual de Processos Fabris "fala" em equipes de Manutenção e equipes de Operação desde a liderança do nível gerencial até o chão de fábrica.

> **Os trabalhos em equipe devem focar sempre o benefício da companhia, e não os benefícios individuais, por melhores que esses possam ser**

Vou citar o exemplo da corrida de revezamento:

Quando o tiro é disparado, o primeiro corredor inicia seu desafio, colocando toda a sua energia para percorrer o trecho no menor tempo possível e entregar o bastão para seu companheiro de equipe, de modo que ele também possa realizar a próxima tarefa da melhor maneira.

Perceba que eles passam a correr juntos por alguns segundos para que, com todo o cuidado, possam fazer a passagem do bastão de forma segura e sem perda de tempo.

Esse processo se repete até que o último corredor possa cumprir o trecho final.

De nada adiantaria se cada um dos corredores pensasse individualmente e iniciasse sua corrida imediatamente assim que o tiro fosse disparado.

Mesmo que os quatro corredores da mesma equipe chegassem na frente, o bastão ficaria para trás e a equipe não atingiria o seu objetivo.

Pense nisso e valorize sempre os trabalhos em equipe na sua empresa.

ELECTRA, UM GRANDE EXEMPLO

"Cadillac dos Ares"

Reservei este último capítulo para citar um exemplo que pudesse demonstrar com propriedade e convencimento que a Quebra Zero realmente é possível.

Pensei em vários *cases* que vivenciei em chão de fábrica, que não foram poucos, conversei com colegas de outras plantas e de outras empresas, mas não encontrei nada melhor e mais conhecido do que a missão dos aviões Electra II no Brasil.

A princípio, pensei nos Electra pelo fato de nunca terem sofrido nenhum acidente grave durante mais de 16 anos de serviços prestados na ponte aérea Rio – São Paulo.

Isso graças à dedicação e ao carinho com que a Varig[1] tratava suas aeronaves, por meio da formação de pilotos, comissários de bordo e homens da Manutenção.

Falando em Manutenção, a oficina da Varig era modelo e, além de garantir um trabalho de qualidade em suas aeronaves, também prestava serviços no mesmo padrão em aviões de outras companhias aéreas.

Mas, para minha surpresa, quando me aprofundei um pouco mais na pesquisa sobre a história dessas aeronaves, pude constatar que o projeto original tinha passado por correção em função de deficiências técnicas que quase acabaram prematuramente, e de maneira definitiva, com a história dos Electra no mundo da aviação.

Essa particularidade, que até então era desconhecida por mim, encaixava perfeitamente no quarto mandamento da Quebra Zero: Eliminar

---

1. A Viação Aérea Rio-Grandense, mais conhecida como Varig, foi uma companhia aérea brasileira fundada em 1927, no município de Porto Alegre (RS), pelo alemão Otto Ernst Meyer. Foi uma das primeiras companhias aéreas brasileiras. Em 20 de julho de 2006, após ter entrado com processo de recuperação judicial, teve sua parte estrutural e financeiramente vendida para a Varig Logística pela constituição da razão social VRG Linhas Aéreas, a qual, em 9 de abril de 2007, foi cedida para a Gol Linhas Aéreas Inteligentes. <Disponível em https://pt.wikipedia.org/wiki/Varig>

Defeitos de Projetos. Com essa informação, fiquei ainda mais convencido de que, realmente, tinha escolhido um exemplo com ligação direta aos pilares da Quebra Zero.

Esses aviões Electra II desempenharam uma brilhante tarefa, entre 1975 e o início de 1992, ligando as duas mais importantes cidades brasileiras, realizando, várias vezes ao dia, a chamada Ponte Aérea Rio - São Paulo, por meio de 14 aeronaves.

A última viagem de um Electra pela ponte aérea foi realizada no dia 5 de janeiro de 1992, voo VP 651, trecho Rio de Janeiro – São Paulo, pela aeronave de prefixo PP-VLX. Segundo o site da Varig, eram feitas, aproximadamente, 33 viagens por dia.

Cada aeronave realizou em torno de 36 mil viagens, voando mais de 15 milhões de quilômetros, o equivalente a 1.250 voltas ao redor da Terra, e transportando com segurança e conforto, em torno de 2,4 milhões de passageiros.

Esses números são fantásticos e realmente impressionam. Aliados ao conforto e à presteza no atendimento dos comissários, os Electra fizeram jus ao apelido "**Cadillac dos Ares**".

Vamos conhecer, então, de forma muito resumida, um pouco sobre a vida dos Electra II, que tantos benefícios proporcionaram à aviação brasileira.

Especificações aeronave Lockheed L188 Electra II

Construtor: Lockheed Aircraft & Corp. - EEUU
Motor: Quatro Allison 501- D13A de 3.750 libras de empuxo
Envergadura da asa: 30,20 m
Comprimento: 31,85 m
Altura: 9,98 m

Velocidade de cruzeiro: 650 km/h
Alcance de voo: 4.500 km
Altitude máxima de voo: 9.000 m
Autonomia de voo: 07h30min
Peso da aeronave vazia: 37.421 kg
Peso máximo de decolagem: 55.256 kg
Tripulação técnica: 03 - 2 pilotos e 1 mec. voo
Lotação máxima (configuração Varig): 90 passageiros
Capacidade máxima de combustível: 20.893 l
Consumo normal: 2.528 litros/hora
Consumo na decolagem: 3.221 litros/hora

Fonte: http://www.varig-airlines.com/pt/electra2.htm

Seguem algumas fotos dessas aeronaves:

Varig Lockheed L-188A Electra PP-VJO, foto tirada em outubro de 1983.
Foto: Alan Clegg/ Licença: Dreamstime

Vista frontal do Lockheed P-3 Orion, um antissubmarino de quatro motores da turboélice e um avião de fiscalização marítimo desenvolvidos para a marinha de Estados Unidos e introduzidos nos anos 60. Ele foi baseado no avião de passageiros L-188 Electra.
Licença: Dreamstime

O projeto dos aviões Electra foi criado pela empresa americana Lockheed e tinha como premissas ser uma aeronave versátil, econômica, decolar e pousar em pequenos aeroportos e ter também a capacidade para fazer trajetos de longa distância, quando necessário.

Por necessidade do mercado norte-americano, em 1954, a Lockheed apresentou uma proposta de aeronave com quatro motores turbo hélice e que atendia ao perfil desejado por empresas como a United Airlines, TWA, Eastern e American Airlines.

Em 1955, a American Airlines comprou 35 aviões da Lockheed cujo nome passou a ser L – 188 Electra.

O primeiro protótipo voou em 6 de dezembro de 1957 e o primeiro voo comercial foi realizado em 12 de janeiro de 1959, pela empresa Eastern, na rota New York – Miami.

Infelizmente, em 03 de fevereiro de 1959, menos de um mês após o voo inaugural, ocorreu o primeiro acidente com uma dessas aeronaves.

Foi durante um voo da American Airlines, com 65 pessoas a bordo.

Fontes oficiais informaram que a causa do acidente teria sido uma falha no altímetro da aeronave.

Mas, infelizmente, o pior ainda estava por vir. Mais dois acidentes terríveis ocorreram com o L–188 Electra, cujas aeronaves foram destroçadas em pleno voo.

O segundo acidente ocorreu menos de oito meses após o primeiro. Foi no dia 29 de setembro de 1959, num voo da Braniff Airways, onde morreram 34 pessoas.

O terceiro acidente ocorreu em 17 de março de 1960, num dos voos da Northwest Orient Airlines, com 63 vítimas fatais.

Informações divulgadas na época, relacionadas aos dois últimos acidentes, apontavam para falha técnica com rompimento das asas das aeronaves.

A desconfiança nesse modelo de avião tinha sido instalada entre as empresas aéreas e, consequentemente, a insegurança fazia com que as companhias migrassem para a compra de outros tipos de equipamento.

Pela insegurança gerada no meio da aviação, os Electra foram proibidos de voar nos Estados Unidos.

A Lockheed, como medida emergencial e contando com a ajuda da NASA, realizou um minucioso trabalho de investigação para identificação da falha de projeto.

Após muitos estudos, a hipótese da quebra das asas tinha sido comprovada por meio da análise dos destroços das aeronaves acidentadas e também em função dos exaustivos estudos e testes em túneis de vento.

A causa dos acidentes realmente tinha sido identificada e o projeto refeito.

Teste de maquetes do Electra no túnel de vento.
Fotos: http://lessonslearned.faa.gov/ElectraWings/Electra_pop_up.htm

Em função do fenômeno da ressonância provocada pela vibração dos motores que se estendia para as asas, elas não resistiam aos esforços extras e à fadiga, e partiam-se na junção com a fuselagem.

Acessando o site *http://lessonslearned.faa.gov/ElectraWings/Electra_pop_up.htm*, o leitor poderá compreender de maneira muito didática o estudo realizado pela NASA que levou ao diagnóstico preciso sobre os acidentes ocorridos nos Electra. Vale a pena conferir a animação de dois minutos.

Com a causa detectada e o projeto corrigido, a Lockheed iniciou as alterações técnicas nas 160 aeronaves Electra existentes, eliminando de maneira definitiva as deficiências do projeto.

Todas as demais premissas do projeto original foram mantidas.

A partir de então, as aeronaves já saíam da linha de montagem conforme o novo projeto.

Quando a Varig comprou o Consórcio Real[1] em 1961, a empresa já tinha uma encomenda de cinco aeronaves Electra II que vieram juntas na negociação, muito a contragosto da própria Varig, do então presidente Rubem Berta.

Como não havia possibilidade de devolução desses equipamentos, não restava outra saída senão colocá-los em voos comerciais.

Em setembro de 1962, os Electra II realizavam os primeiros voos no Brasil.

Com a chegada das aeronaves restantes, a rota foi ampliada, atendendo a cidades como São Paulo, Fortaleza, Manaus, Recife e Rio de Janeiro, além de algumas rotas internacionais como Nova York e Santo Domingo.

Em 1975, com a autorização do Departamento de Aviação Civil (DAC), iniciava-se então a história de sucesso dos Electra II no Brasil, por meio da ponte aérea Rio-São Paulo.

Lendo a reportagem de Carlos Moraes[2] no site da Ícaro Brasil, atentei para o que disse o fotógrafo Pedro Martinelli, que teve a grata missão de cobrir os últimos dois meses de voo dessas incríveis aeronaves na ponte aérea: "[...] o mais impressionante era o carinho que o pessoal da mecânica e limpeza dispensava aos Electra [...]".

---

1. O Consórcio Real era formado por companhias aéreas que operavam voos nacionais e internacionais à época.

2. O jornalista e escritor Carlos Moraes foi editor da Ícaro, revista de bordo da Varig. A reportagem citada está disponível em: <https://www.varigairlines.com/en/electra2.htm.>

Esse cartaz evidencia o orgulho, o carinho e a confiança que a VARIG e seus colaboradores tinham pelo Electra II.

Segundo o histórico, o último voo de um avião Electra de passageiros data do ano 2000, no Alaska, pela empresa Reeve Aleutian.

Relembrando os pilares da Quebra Zero, podemos perceber uma ligação direta com a história dos Electra II da Varig.

E foi isso o que nos permitiu colocar, com muita justiça, o *case* "Electra II" como um grande agente motivador na busca incessante pela Quebra Zero. Electra II, realmente, é **um grande exemplo**.

Mas, antes de encerrarmos nosso tema, não poderia deixar de registrar o triste destino da maioria dos aviões Electra II da Varig, após 1992, quando encerrou-se o ciclo dessas aeronaves no Brasil.

Faço aqui três observações que merecem ser consideradas pelo leitor, numa avaliação final sobre o nosso conceito de Quebra Zero:

- logo após as aeronaves serem desativadas, a Varig fez com que todas elas passassem por uma revisão geral, ficando em plenas condições de voo;

- após a venda dos aviões, as empresas compradoras encontraram sérias dificuldades com mão de obra qualificada para operarem e manterem suas aeronaves;

- a falta de peças sobressalentes começou a impactar fortemente na conservação dos equipamentos, iniciando um processo que chamamos de "canibalização", que nada mais é que a retirada de peças de um equipamento para repor em outro, para que este último continue operando.

Todas as informações a seguir foram obtidas do site:

http://culturaaeronautica.blogspot.com/2013/01/os-electras-da-ponte-aerea-rio-sao-paulo.html

Aproveito, aqui, para parabenizar o *blogger* Jonas Liasch – Professor do Curso de Ciências Aeronáuticas, pelo excelente trabalho realizado resgatando a história das aeronaves Electra II da antiga Varig, que tantos serviços prestaram aos brasileiros que utilizavam com frequência a ponte aérea Rio – São Paulo.

PP-VJL RAB: 1024

Esta aeronave teve seu primeiro voo em dezembro de 1958, operando pela American Airlines. Chegou à Varig em setembro de 1962 e voou até julho de 1993. Foi vendida para a empresa aérea Blue Airlines, do Zaire, atual República Democrática do Congo. Este avião operou até 1995, quando foi desmontado e "canibalizado" em 1999, tornando-se um doador de peças. A Blue Airlines – BAL iniciou a operação em 1991 e tornou-se inativa em 2005.

PP-VJM RAB: 1025

Iniciou sua jornada na American Airlines, no final de dezembro de 1958. Pertenceu à Varig, a partir de agosto de 1962, por onde voou até maio de 1992. Uma vez desativado, foi doado para o Museu Aeroespacial (Musal) e hoje encontra-se muito bem conservado e exposto para visitação pública num hangar do Musal, no Campo dos Afonsos, no Rio de Janeiro.

É o único Electra II que pertenceu à Varig que se encontra preservado até hoje.

SEGUEM ALGUMAS FOTOS DO PP-VJM – 1025

Foto atual (do início de 2023) do Electra VJM em exposição, desde 1992, no Museu Aeroespacial - Rio de Janeiro. Foto: Fabrício Cavalcanti

Foto: Fabrício Cavalcanti

Electra II exposto no MUSAL no Campo dos Afonsos – RJ.
Foto: Fabrício Cavalcanti

PP-VJN RAB: 1037

Oriundo da American Airlines, quando iniciou sua operação em janeiro de 1958, foi vendido para a Varig, onde operou entre setembro de 1962 e junho de 1993. Essa foi mais uma das aeronaves vendidas para a Blue Airlines (BLA), no antigo Zaire.

Voou até se acidentar, em 08 de fevereiro de 1999, no aeroporto de N' Dijili, na República Democrática do Congo, ocasião em que sete pessoas perderam a vida.

PP-VJO RAB: 1041

Este avião também fez seu primeiro voo na American Airlines em janeiro de 1959. Na Varig, operou entre setembro de 1962 e novembro de 1993, quando foi vendido para a empresa aérea Filair Congo, no

Zaire, atual República Democrática do Congo. Voou até 1997 e, igualmente ao RAB: 1024, foi desmontado para tornar-se um doador de peças para reposição.

PP-VJU RAB: 1119

Em janeiro de 1960, esta aeronave começou sua jornada na American Airlines, onde prestou serviços até 1967. Em novembro desse mesmo ano, foi trazida pela Varig e operou de novembro de 1967 até ser desativada em 1992. Foi vendida em julho de 1993 para a Blue Airlines – BLA, onde voou até 13 de março de 1995, quando sofreu uma pane hidráulica e foi forçada a realizar um pouso emergencial de barriga. Pelos danos sofridos, o avião foi considerado irrecuperável.

PP-VJV RAB: 1126

Operou na American Airlines desde março de 1960. Vendido para a Varig, prestou serviço de dezembro de 1967 a julho de 1993. Desativado em 1992, a Varig o vendeu para a empresa New ACS – Zaire/R.D.C., que, posteriormente, o revendeu para a Trans Service Airlift, onde terminou sua jornada em janeiro de 1994, após sofrer um acidente em função de dano no trem de pouso frontal. Esse equipamento foi desmontado e virou um doador de peças de reposição.

PP-VJW RAB: 1124

Proveniente da American Airlines, onde teve seu primeiro voo em 19 de fevereiro de 1960, chegou à Varig em março de 1968 e ficou até outubro de 1993. Com a desativação no Brasil no ano de 1992, foi para a África e passou a operar pela Interlink Congo até agosto de 1995. Em outubro de 2002, foi vendido para a Air Spray do Canadá, onde foi utilizado como avião bombeiro até junho de 2003, quando foi desativado e desmontado para aproveitamento de peças.

Lockheed l188a da Tan Honduras Airlines tirada em 1986.
Licença: Dreamstime

PP-VJP RAB: 1049

Seu primeiro voo ocorreu na American Airlines em 25 de março de 1959. Operou na Varig de outubro de 1962 até fevereiro de 1970, quando se acidentou no aeroporto Salgado Filho, em Porto Alegre, e foi desmontado.

PP-VLA RAB: 1139

Pertenceu à empresa Northwest Orient Airlines no período de 1961 a 1969. Vendido para a Varig, operou no Brasil entre junho de 1970 e final de 1991. Desativado, foi vendido para a Filair Congo e voou até julho de 1994, quando sofreu um grave acidente em Angola, tendo perda total, encerrando, assim, sua jornada.

PP-VLB RAB: 1137

Também proveniente da Northwest Orient Airlines, registrou seu primeiro voo no dia 18 de janeiro de 1961. Operou na Varig de junho de 1970 até 1991. Dois anos depois, foi vendido para a Filair Congo e voou até julho de 1997, quando foi desativado.

PP-VLC RAB: 1093

Começou a operar na American Airlines em setembro de 1959 e chegou à Varig em abril de 1970, onde permaneceu até agosto de 1993. Foi vendido para a Blue Airlines (BAL) e voou até janeiro de 1995. Dois meses depois, foi sucateado.

PP-VLX RAB: 1063

Iniciou sua jornada na American Airlines, em maio de 1959, e depois foi vendido para a Aerocondor da Colômbia. Posteriormente comprado pela Varig, esse equipamento ficou no Brasil de novembro de 1976 até abril de 1994.

Essa aeronave foi para o Canadá, adquirida pela Aero Spray, e voou até outubro do ano 2000, até pegar fogo dentro do hangar em um trabalho de manutenção, ficando totalmente comprometida.

PP-VLY RAB: 1073

Foi comprado pela America Airlines junto ao fabricante Lockheed em 1959 e operou por mais de 10 anos, quando então foi vendido para a empresa Aerocondor da Colômbia, onde voou até 1976.

No mesmo ano, foi comprado pela Varig, que o recebeu em dezembro de 1976.

Operou no Brasil até meados de 1991 e, no ano seguinte, foi vendido para a empresa New Air Charter Service, passando por mais duas empresas: Trans Service Airlift e Air Transport Office (ATO). Terminou sua jornada no ano 2000, estocado no aeroporto de Kinshasa, capital da República Democrática do Congo.

PP-VNK RAB: 1040

Essa aeronave tem uma das histórias mais longas entre os Electra da Varig. Em agosto de 1959 fez seu primeiro voo pela empresa Braniff, onde voou até 1970. Depois, comprada pela FB Ayer, foi arrendada para a Universal Airlines em abril de 1972.

Em 1975, foi vendida para a Transportes Aéreos Militares Equatorianos, operando até 1986.

Como não estava sendo utilizada, foi vendida à Varig, onde permaneceu voando de 1986 até novembro de1992.

Desativada pela Varig, foi vendida para a Filair (Congo) e, em março de 1994, foi comprada pela Air Spray (Canadá), prestando serviço como avião bombeiro. Infelizmente sofreu um acidente em 16 de julho de 2003, deixando um saldo de três mortos.

Ex PP- VNK a serviço da Air Spray – Canadá, como avião bombeiro.
Licença: Dreamstime

lockheed Electra l188a voava pela American Airlines no início dos anos 1960.
Licença: Dreamstime

PP-VNJ RAB: 1050

Voou na American Airlines de abril de 1959 até novembro de 1966. Passou por várias empresas até chegar na Varig em 1986, operando por quase sete anos. A Interlink (R.D. do Congo) comprou essa aeronave em outubro de 1993, que continuou sua peregrinação passando por outras empresas até ser comprada, desativada e desmontada para reaproveitamento de peças, em dezembro de 1977, pela empresa Amerer Air, na Áustria.

Esta é a história dessas maravilhosas aeronaves que, mesmo após terem cumprido com galhardia sua missão, ainda nos deixaram ensinamentos preciosos. A beleza da sua silhueta no céu do Brasil será eterna e inesquecível.

Agora que essa nossa jornada chegou ao fim, relembro aqui algumas palavras da introdução:

> Se eu conseguir convencer os leitores de que a "Quebra Zero" é possível e plenamente atingível e que a Motivação das pessoas é parte integrante deste processo de busca, posso me sentir recompensado por ter investido neste trabalho.

Abraços!

REFERÊNCIAS

ARAÚJO, Daniel S. de. Electra: símbolo da Ponte Aérea Rio-São Paulo. Disponível em: https://www.autoentusiastas.com.br/2016/06/electrasimboloponteaereariosaopaulo.

FORÇA AÉREA BRASILEIRA (FAB). Museu Aeroespacial. Instituto Histórico-Cultural da Aeronáutica. Disponível em: https://tinyurl.com/expo332electra.

JAPAN INSTITUTE OF PLANT MAINTENANCE (JIPM). Curso Internacional para Formação de Instrutores: Módulo B1 XV. São Paulo: Editora JIPM/IMC, 1994.

JAPAN INSTITUTE OF PLANT MAINTENANCE (JIPM). Curso Internacional para Formação de Instrutores: Módulo B2 XV. São Paulo: Editora JIPM/IMC, 1994.

JAPAN INSTITUTE OF PLANT MAINTENANCE (JIPM). Curso Internacional para Formação de Instrutores. São Paulo: Editora JIPM/IMC, 1994.

JAPAN INSTITUTE OF PLANT MAINTENANCE (JIPM). Manual II Curso Internacional para Formação de Instrutores TPM. São Paulo: Editora JIPM/IMC, mai. 1995.

LIACH, Jonas. Os Electras da Ponte Aérea Rio-São Paulo. 2013. Disponível em: http://culturaaeronautica.blogspot.com/2013/01/oselectrasdaponteaereariosaopaulo.html.

MISSÃO TPM. Visitas em empresas no Japão: Suntory (Beer Cia.), Somic (Auto Parts), Yasaki (Air Conditioning Equipament, Meters, Auto Parts), Toyoda, Inoac, CNK, Aichi Steel (Steel Industry). 1994.

MORAES, Carlos. Electra II. Disponível em: https://www.varigairlines.com/en/electra2.htm.

NASA. Disponível em: https://www.nasa.gov/topics/history/index.html.

NOTA do autor: algumas frases citadas no decorrer da obra são, reconhecidamente, oriundas do TPM - Pilar Manutenção Autonôma (M.A.).

Este livro utiliza as fontes
Paralucent e Adobe Garamond Pro.
Ele foi impresso pela gráfica
Piffer Print, em São Paulo,
em março de 2023.